一瞬で数字を読む力をつける

和から株式会社代表取締役
堀口智之 著
Tomoyuki Horiguchi

どんな人でも数字に強くなれる!

「データセンス」の磨き方

はじめに

「データセンス」の誕生、それは、あるお客様のたった一言のつぶやきがきっかけでした。

社会人向けの数学教室を起業して3年が経った頃、「"数学的思考力"を身につけたいので数学を学びなおしたい」というお客様に数学を教える機会がありました。「数学的思考力を身につけるには、ともあれ数学を学ぶ必要がある」と信じていた私はさっそく授業を始めました。

方程式、関数、2次関数、から始まり、数列、集合と論理、確率など、1年間にわたってその方に高校数学を学んでいただきました。大人になってから学ぶ数学は、受験問題を解くわけではありませんので、必要なところだけをピンポイントで学んでいきます。その分野の意味や本質を学び、簡単な問題だけを解けるようになるということであれば、1年もあれば十分に学びきることができます。なるべく「数学的思考力」が身につくように、数学に用いられている考え方、因数分解の公式の構造、数列の和の公式の算出の仕方、ベクトルとは何かを物理現象と一緒に理解する、など工夫して授業を進めていきました。

「わかりました！ こうやって解くんですね！」

「解けました！ よかった！」

そんな喜びの声を毎回の授業でもらっていました。その方の数学力は順調に伸びていきました。「数学的思考力が身についている。新しい一歩を歩めている」という自信もあったように思います。

しかし、1年経ってある程度の数学を学び終えた頃、その方が、ふと一言つぶやきました。
「うーん、数学はできるようになったけど、“思考力”は身についたのかなぁ……」
と。もちろん、数学のための「思考力」は身につきました。しかし、**社会で活躍するための「思考力」は身についているのだろうか、社会で直面していく様々な問題に向き合っていくための思考力は磨かれているのだろうか**、という思いがふとこぼれてきたような一言でした。

その出来事をきっかけに、私は真剣に「数学的思考力」とは何かと考えるようになりました。数学的思考力や計算力が身につくと謳(うた)っている100冊以上の書籍を読み漁りました。しかし私の求めるものは、そこにはありませんでした。「数学的思考力が身につく」と謳っている本で語られているのは、数学で用いられている思考力であり、社会で直面する様々な問題に直結する思考力を鍛えるものではありませんでした。例えば、“論理や集合”も論理的思考力のベースにはなっていますが、現実にどう使ったらいいのか、その解は、学んだ人にゆだねられているのです。
そんな悶々とした日々の中、大人向けの個別指導でたくさんのお客様一人一人に向き合いながら4年が経ちました。社会人のお客様は、毎回の授業で素晴らしい気づきを与えてくださいます。「1,000,000」がパッと読めない、経理の仕事が苦手で数字に強くなりたい、グラフを作って分析したいけどどうすればいいのかわからない……など。
試行錯誤しながら、計算が苦手な方が数字に抵抗がなくなるような、思考力が身につけられるようなコンテンツを日々開発していきました。現実社会をよりよく生きるための具体的な「思考力」を一から身につけていくための問題集をつくり、ニュースを見て数字で分析するなどの授業を行ないました。様々な業界の方とお話をしながら、現実に役立つコンテンツを積み上げ続け、体系的なものとしてまとめました。そしてそれを、「データセンス」と名づけたのです。

本書は大きく2部構成になっています。第Ⅰ部は、データセンスについて、どのような考え方かを知っていただくことを目的としています。そして、第Ⅱ部では、具体的に、データセンスを身につけるための演習を行なっていきます。このような訓練を重ねていけば、実社会で直接役に立つ技術と思考力を身につけていくことができるでしょう。

世の中には「数字が苦手な人」がたくさんいます。しかし、この世の中で生きていくには数字から逃れることはできません。日常の買い物はもちろん、仕事で扱う会社の数字、営業の売上、ニュースの数字等々、我々は様々な数字、データに囲まれています。それだからこそ、データセンスを身につける必要があるのです。

私はこの本を、「数字が苦手」という方が数字に向き合えるようになり、その苦手意識を克服していけるよう祈って書きました。

本書が一人でも多くの方のお役に立てることを願ってやみません。

堀口智之

C O N T E N T S

data sense

「データセンス」とは

data sense

データセンスの基礎知識

新しい"計算"の常識をあなたに

小・中・高校と学んできた算数や数学。その公式や問題などは、皆さんの心の奥底で様々な"思い出"になっていることと思います。例えば、**計算間違いは絶対ダメ！**という思い出。「15」が答えなら、「16」でも「14」でも×になってしまいます。残念ながら。

しかし、このデータセンスでは、これらの思い出を壊すような新しいやり方に挑戦していきます。例えば、

「**計算は間違ってもいい！**」

ということです。お聞きしますが、「数学が得意」と言っている人が計算間違いしているところを見たことはありませんか？ 私の周りにも数学や数字が得意な人がたくさんいますが、実際に計算を間違えているところをよく見かけます。も

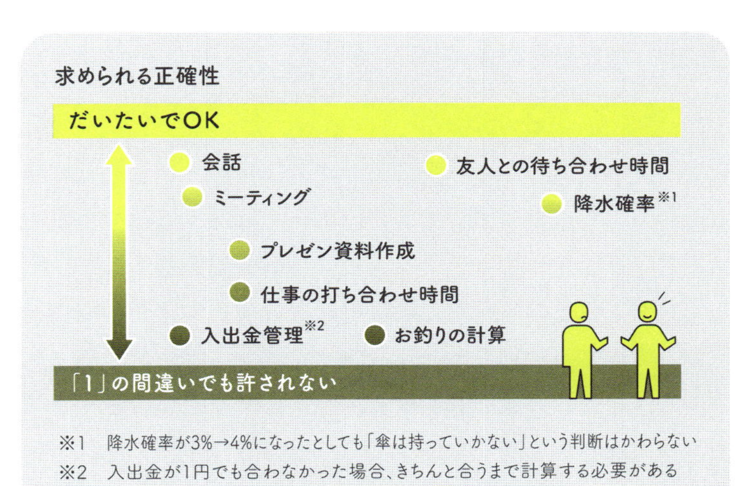

※1　降水確率が3%→4%になったとしても「傘は持っていかない」という判断はかわらない
※2　入出金が1円でも合わなかった場合、きちんと合うまで計算する必要がある

Chapter 1 データセンスの基礎知識

ちろん、計算が得意な人は、すぐに間違いに気づいて訂正するのですが、間違いはあります。

例えば建物の設計など、精密な計算を要求される場合には、計算間違いはあってはなりません。しかし、飲み会での割り勘では、

「一人、2983円ね」

という計算が求められているのではなく、

「一人、3000円ね」

という結論が求められます。ざっくりいくら？ という場面。そう、少しの誤差であれば、実は計算は間違っていてもよいのです。そんな誤差を許容する。じつは世の中は意外と計算間違いに優しい、と気づくこと。それがデータセンスの最初の一歩です。**データセンスは、ビジネスの場面や様々なシーンで「役立つ」ということを主眼に置かれているのです。**

データセンスとは？

データセンス、その言葉の響きから、なんとなくその意味も伝わるのではないでしょうか。データに対するセンスのことです。言い換えれば、**データとは、数字や情報のこと**。そして、**センスとは、感覚、感性のこと**です。つまり、数字に対しての感覚みたいなものでしょうか。

例えば、秋の紅葉を見たとき、パッと鮮やかな黄色や赤に染まった葉と秋空とのコントラストが美しく感じますよね。ほとんどの方がそこに「美」を感じるのではないでしょうか。

それも一つの“感性”、“センス”だと思います。

それが数字に変わったとき、「100万円」という数字を見てどんな風に感じるでしょうか。10円単位の節約をしている人であれば、とんでもない大金に映るでしょう。しかし、普段から億単位のビジネスをしている人であれば小さく感じるかもしれません。高校生ならなかなか目にすることのない大金だと思いますし、車買えるかも、なんて思う人もいるでしょう。つまり、ある数字（データ）を見たときの印象は人によってバラバラです。その数字に対して「良い」とか「悪い」とか、「これは頑張らないと！」とか「すごい成果だなぁ」と感じたりします。その数字にどう反応するかは、自分の経験してきた過去の出来事に依存しているのです。

人間には五感があります。視覚、聴覚、触覚、味覚、嗅覚です。“シックスセンス”なんてものもありますが、もしかしたらデータセンスは第7感。そう呼んでもいいのかもしれませんね。

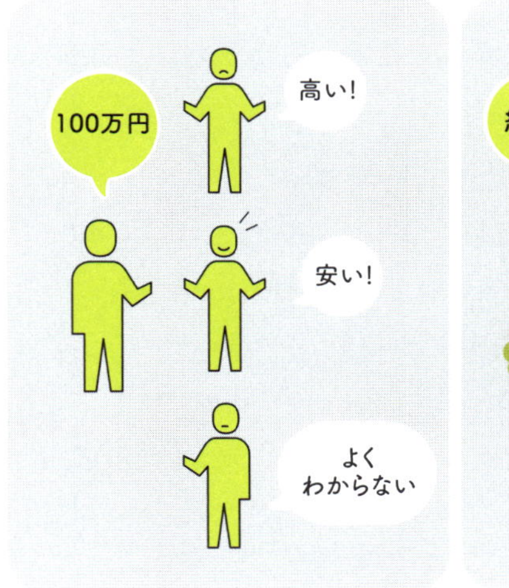

データは“単位”とワンセット

例えば、「3は好き！」「5は好きじゃない…」という方もいるかもしれませんが、数字そのものに意味を感じる方は多くないでしょう（数秘術などもありますが本書では扱いません）。

数字に意味が生まれるのは、3gや5gといったとき、つまり数字に「単位」がくっついたときです。1円玉が3枚分と5枚分の重さのことかな？ などと想像もできると思います。「単位」がついた瞬間に、過去の思い出や出来事などが突然結びつくようになったりもします。

同じ「3」でも3gと3kgでは全く違いますし、3円や、3リットルなど、世の中には様々な単位があります。その単位に慣れ親しむこともまた、数字と仲良くなるための第一歩です。なぜなら、**数字は単位とセットだからこそ意味をもつものだから**です。

それぞれの職種やシーンで使う単位は違います。よく用いる「単位」については、変換できるようにしておきましょう。

例

- **時間** ▶ 1時間＝60分＝3600秒
- **長さ** ▶ 1km＝1000m　1m＝100cm＝1000mm
- **重さ** ▶ 1t＝1000kg　1kg＝1000g
- **面積** ▶ 1坪＝3.3平米（m^2）
- **体積** ▶ 1L＝1000cm^3　1mL＝1cm^3
- **角度** ▶ 直角＝90度　1周＝360度　半周＝180度

数字は比べることで意味をもつ

例えば10万円。その数字を聞いたときに、どんなことを感じるのが正解なのでしょうか。少し考えてみましょう。

「よくわからない」という声が聞こえてきそうです。そう、実は、正解はありません。何が正解なのかは、自分や、会社や身の周りの人、環境、社会が決めています。10万円が何を意味するのかがまずよくわからないと思います。

重要なことは、**数字は比べることで意味をもつ**ということです。例えば、「1キログラムについて何か感じることを述べよ」と言われても、何を答えたらいいのかピンとこないと思います。それがどういう意味をもつのかは、何かと比べる必要があります。「みかん1個よりは重い」とか「普段20キログラムのバーベルを持っているから軽い」とか。

とある経営者が「売上2億円」で、「すごい人」としてテレビに出ていることがありますが、**この2億円という売上、実は、自動車メーカーのトヨタの10万分の1以下にもなりません**。売上2億円の会社が10万社以上ないと、そもそもトヨタに肩を並べることはできません。そう考えると、小さいようにも思えてきます。

また、売上が2億円という情報は、利益額、つまりいくら儲かったのか、は全く表現されていません。同じ2億円の売上なら1億円の利益の会社と10万円の利益の会社であれば、1億円の利益のほうがよいですよね。売上2億円の事業がすごいのか？ は、何と比べるのか、によるのです。

10万円は高い？ 低い？ を即答するために

例えば、10万円が低いのか、高いのかは、何と比べるのかによる、というお話をしましたが、**ビジネスの現場においては、10万円が高いのか、低いのかは即答する必要があります**。例えば、自分の営業成績が月平均200万円だとして、今月100万円しか売り上げていなかったとしたら、非常にまずいですよね(※)。いつもの売上の半分しかいっていません。上司から怒られそうです。400万円を売り上げたのなら、いつもの2倍ですからこれは評価されそうです。

ここでは、いつもの平均的な売上に対して、比較をしました。このように、月100万円の売上が高いか低いかは「いつもどのくらいの売上を上げているのか」によります。他にも比べる指標として、「他の営業マンはいつもどのくらいの売上を上げているのか」などがあります。

そうなると、何かと比べることで、100万円が意味を帯びてきます。何かと比べることもなく、日常感覚で「100万円は大金だ！」と騒いでも仕方ありません。何と比べて意味づけしたいのか、によって変わってきます。

例えばそれは、500億円という金額に対しても同じことです。500億円というと、とてつもない金額のように思いますが、日本のGDP（国内総生産）約500兆円に比べれば、0.01％にすぎません。主観で大きい、小さいを判断するのではなく「比べる」ということを通してその大きさを実感していきましょう。

※正確には本当にまずいかどうかは標準偏差によりますが、ここでは省略します。

2桁変わると世界が変わる

我々の日常感覚だと、10円と1000円は全く違います。10円は小さい額だけれども、1000円になると少し大きいお金に感じる、という人は多いことでしょう。10円では駄菓子が買えるくらいですが、1000円なら可能性が広がります。少し豪華なランチを食べられるかもしれませんし、100円ショップにいけば10点近くの様々な商品を買うことができます。

ここで一つ注目したいのは、10円と1000円では「100倍違う」ということです。つまり、10円が100束あって、初めて1000円になります。

さて、次にこんな金額を考えてみましょう。10億円と1000億円になるとどうでしょうか。おそらく、「すごく大きい数で、よくわからない」という方が多いと思います。これも先ほどと同じで100倍違います。これだけ数が大きくなると、日常生活では全く取り扱うことのない金額ですので、「想像のつかないほど大きい数」となってしまいます。しかし、冷静によく考えてみれば、10円と1000円のときのように、全く買えるものも違うのです。そしてもちろん、10億円は100束ないと1000億円にならないのです。

実は、**2桁変わると世界が変わります**。車の値段でも、100万円の車を買う人は、200～300万円の車は検討も視野に入ってきますが、2桁上がった1億円の車を同じテーブルで考える人はいませんね。

同じ“不正”をどのくらい許せないか？

もう一つこんな例。政治家の「1億円の不正」と「100億円の不正」。どっちのほうがどのくらい許せないでしょうか。

もちろん、どちらの不正も許せないとは思います。が、ここで問題にするのは、“どのくらい”許せないか、ということです。**数字で考えるというのは、“量”を具体的に考える**ということです。

考えてみれば、1億円の不正の100倍が、100億円の不正です。100倍違います。

先ほど取り扱った10円対1000円のように、全く違う世界のはずですが、1億円の不正と100億円の不正を、同じくらいの大きさのニュースとして取り扱っている新聞・テレビ番組もよく見かけます。

繰り返しになりますが、金額の大小にかかわらず、不正はどちらもいけないことです。しかし、**全く違う量のものを同じテーブルに並べて考えるのではなく、量を見極めて冷静に判断することが大切です**。

もし、100倍違うものを同じテーブルで考えるのなら、「1億円の不正をするくらいなら、どうせ100億でも同じ。一気に不正をしてしまえ」という政治家も出てきてしまうかもしれません。

データセンスは「数学」ではない

「私、数学が苦手だったから、"数字"も苦手なんです」そんな声と今まで何度出会ったでしょうか。実は、数学ができることと、数字が得意なことは別の話です。

例えば、大学で学ぶ数学は、受験問題の応用を解くというわけではありません。内容は、「計算」とは程遠いものです。もちろん計算をしないわけではないのですが、**高校数学の延長に、大学で学ぶ数学はありません。大学での数学は、数学の世界を一から再構築するというような、「論理」の世界になります。**

数学科の学生には、数学の問題を解く能力の高い人が多いですが、例えばデータセンスの一つである大きな数の計算問題「1万×1万」を即答できる人は多くありません。もちろん累乗という考え方を使えば10秒もあれば答えを言えるでしょう。しかし、その10秒が、ビジネスの世界では命取りになりかねません。"データセンス"では、「1万×1万」は、暗記して答えを出さなければいけない問題の一つです。答えは「1億」で、1秒で即答しなければなりません。これは、数学力ではなく、そういう大きな数を使うシーンとどれだけ出会ったのか、で変わります。**大学の数学とは別の世界の話**なのです。

データセンスでは、確かに簡単な計算などを扱っていきますが、数学を学ぶつもりで取り組むのではなく、新しいカリキュラムに取り組むつもりで望んでください。いわゆる「数学」を学んでも、データセンスが身についたことにはなりません。

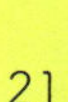

data sense

データセンスがあると毎日が変わる!

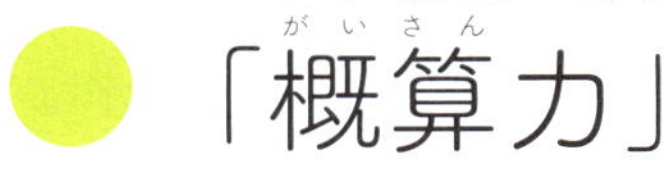

「概算力」

「月の売上がだいたい1200万円の店舗が800店舗あるんですよ」という会話があったとき、全店舗の月の売上はざっくりいくらになるでしょうか。

こんなとき、「すごいですね〜！」という言葉を返すのもよいのですが、あまり生産的ではありませんね。「**えっ！！売上100億くらいなのですね！**」と瞬時に言えたらかっこいいですよね。このような会話、営業マンなら誰しも経験しているはずです。

「この商品いくら？ 2500円ね。4000個だといくらになる？」とか。会話のふとした瞬間にデータセンスが求められることがあります。本当にふとしたときに出てきます。もちろん、電卓を出して計算するのもよいのですが、ビジネスはスピードが勝負です。**営業マンは常に計算して、お客様の利益になるものを提案する**。だからこそ、営業マンへの信頼へとつながるのですが、いちいち電卓を出して計算していては、10秒はかかります。そして、計算しようにも、桁数が多いものだと入力ミスなども起こりやすく、読むのも大変なため、かえって正確性が損なわれることもあります。だからこそ、**ざっくりで素早く計算する力、概算力が求められるのです**。データセンスを身につければ、どんな計算でも数秒のうちに答えを出すことができるようになります。

そのためには、最も基本的な計算をマスターすることが必要です。「１万円の商品、１万個買ったらいくらになるのか？」この答えは、「１億円」です。その先に、素早く答えを出せる世界が広がっているのです。

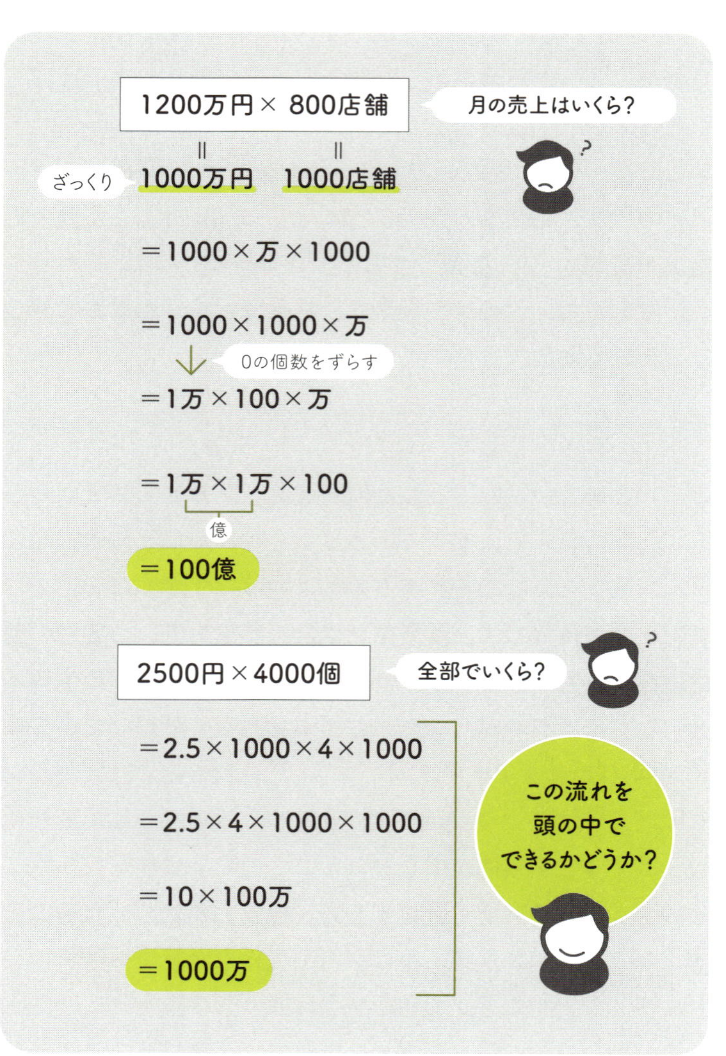

こんな場面で役立つ!

「パートナーナンバー」

「うちの会社は、年商1億円です」
と言われたとき。

月に830万円くらいの売上ということなのですね。商品構成はそのほとんどが数万円の商品ですから、仮に平均単価が3万円と仮定すると、月間で280個くらい売れていることになりますね

すぐにこんな風に返せたら、まさにデータセンスがある人です。年商から月の売上をパッと出す計算は難しくありません。そのキーとなっているものは、「83」という数です。これをパートナーナンバーと呼ぶことにします（p.149参照）。経理や財務のお仕事をしている方だったらおわかりかもしれません。

実は、**年商に対して、「8.3%」、つまり、「0.083」という数字を掛け算すると、ずばり、月の売上が出ます**。0.083という数を覚える必要はありません。「83」だけで大丈夫です。1億円に対して、83を掛けてみてください。そうなると、83億という数字になります。そこから「桁」を微調整します。

元々、年商1億円の月の売上を出すためには、12で割る必要があります。でも、12で割るのは計算が大変なことが多く、暗算でするのは難しいです。だからこそどうやるのか。そう、12で割るのは厳しくても、「10」で割るのは簡単です。1億を10で割ってみましょう。すると、1000万円になりますね。12で割った数もそれと近い数が出るはずです。だからこそ、先ほどの「83億」という数字が830万円という答えになるのです。

重要なのは、0.083という小数点移動の個数を数えていない、ということです。**1000万円の近くの数字、という推測から答えを出す**。これがデータセンスの神髄の一つです。

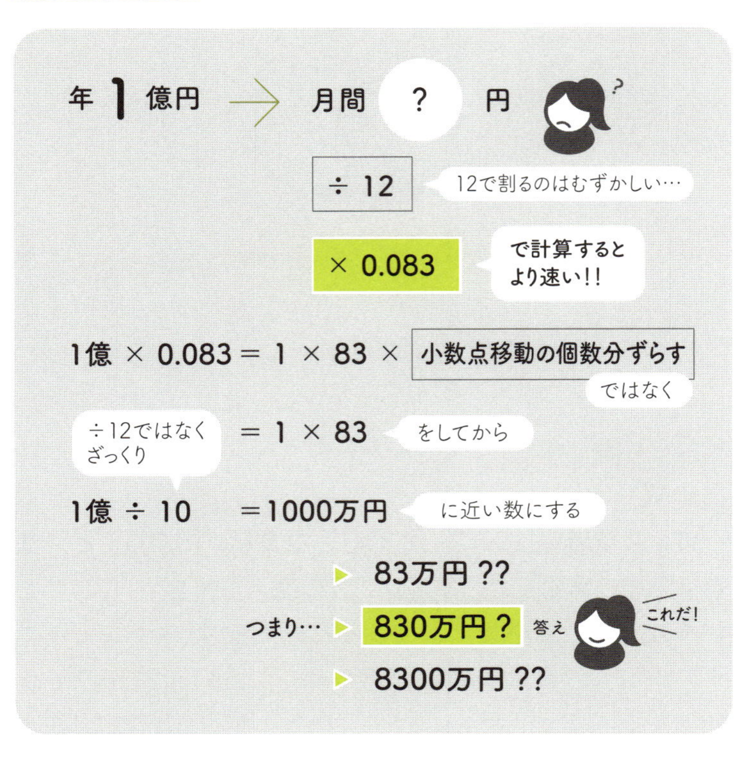

こんな場面で役立つ!

「割合力」

「昨年は売上が20%上がったけど、今年は20%下がりそう。トントンだね。他社も落ちているらしいから、しょうがない…」

というセリフをどう思いますか?「20%上がってから、同じパーセンテージ下がった。だから売上は変わっていない」そう主張しています。本当なのでしょうか。

実は、**売上が「20%」上がったあと、「20%」下がってしまうと、結果的に"下がって"しまいます。今回の場合は、元の売上に対して、4%下がっているのです**。なぜなのでしょうか。

冷静になって、計算をしてみましょう。例えば一昨年が1億円の売上のとき、20%売上が上がると、1億2千万円になります。ここから売上が20%下がるので、2400万円下がります。つまり、9600万円となり、一昨年の1億円だった売上から4%、400万円ほど減少してしまいました。

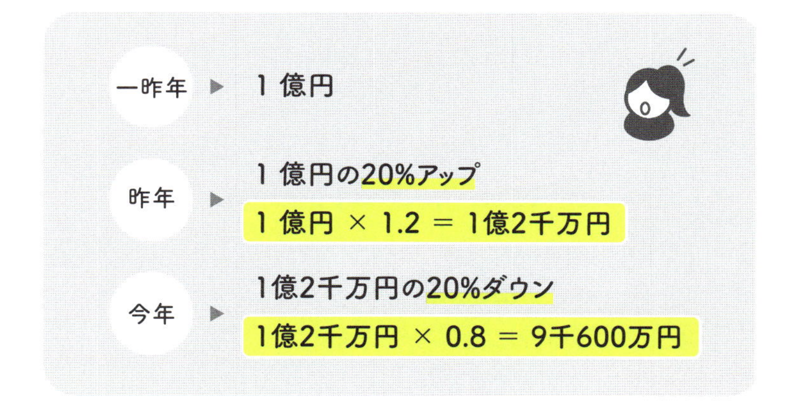

不思議だと思いませんか？ これは、実は「割合」の考え方をきちんとマスターすると意味がわかるようになります。例えば、1億2千万円から1億円に下がるためには、約16.7%減にならなければいけません。つまり、売上20%アップに対応する減少分は、約16.7%ダウンなわけです。順番が変わって、売上が20%下がってから20%上がっても同じこと、売上は減ります。

「塵も積もれば山となる」という言葉の通り、売上の変動が10年、20年と続いていくと、売上変動の「＋」「－」のパーセンテージの平均をとると、0%になるにもかかわらず、なぜか売上が下がっている…なんて不思議な現象に出くわすかもしれません。＋○%、－○%に騙されない視点をもつこと、それもデータセンスです。

「データセンス」がある人はどこでも活躍できる

数字で考えることのできる、仕事ができる人が、会社、部署、グループに一人はいると思います。数字やデータを駆使して、データをうまくまとめたり、グラフ化していってプレゼンしたり、そんな能力は誰もが欲しいものです。

その仕事ができる人は、もし転職し業界が変わったとしても同じ働きができるのでしょうか。おそらく答えは「YES」ですね。例えば、問題解決のできる人は、会社が変わってもどんな状況でも冷静に問題を分解して考え、様々な背景を考慮して行動しながら価値を生むことができるでしょう。

データセンスは誰もが磨くことができます。これまで個別指導でたくさんのお客さまに授業を受けて頂きましたが「昔から算数は苦手で数字も見たくない」と言っていた方が、「数字を見ると自然に計算してしまう」とか「買い物の会計のときは、つい先にお釣りを計算してしまうんですよね」などと、それまでとは正反対のことを言ってくださいます。

磨く方法はいろいろとありますが、まずは、数字と仲良くなることが一番です。データセンスを磨くことで、仕事の現場、テレビニュース、Twitterの情報など、どんな場面でも、数字が出てきたときに、それと冷静に向き合うことができるようになります。本書の第Ⅱ部では、具体的にその力をつける演習を行なっていきます。

data sense

いまなぜ、データセンスが必要か

「計算は、電卓に任せてます」そんな人に

「電卓」や「Excel」といった非常に便利な計算ツールがあるのはもちろん、さらに最近では、計算を音声で入力すれば答えを音声で返してくれるスマートフォンなんかもあります。だから、データセンスなんていらないんじゃないか。そんな意見も特に理系の数字が得意な方から耳にします。

でも、おそらく仕事で数字を扱っている人や、数字が苦手な人は、なんとなくわかっていると思います。**やはりデータセンスは必要だ**と。なぜか？

数字が得意な人は、ある計算結果が出てきたときに、それが合っているのか、間違っているのか、を瞬時に判断することができます。

例えば、100円前後が100個並ぶ足し算の答えが10万円を超えてしまったとき、間違いだということが感覚的にわかります。本来であれば、1万円前後の答えが出るはずです。Excelで計算しても、その計算結果が合っているかは保証されません。電卓で計算してもそれは同じことです。Excelであれば、足し算を行なうセルの場所を間違えてしまったり、参照の場所を間違えたり、いろいろなミスが起こりえます。電卓は、「＋」ボタンがうまく反応せずに、「500 ＋ 300」と押したつもりが500300になってしまうこともあります。「正しい」ものを入力すれば正しい答えを出してくれるので便利ですが、正しくないものを入力すれば、「正確に正しくない」ものが出力されてしまうのです。データセンスを磨くことで、

これらの操作ミスによる間違いにもすぐに気づけるようになります。

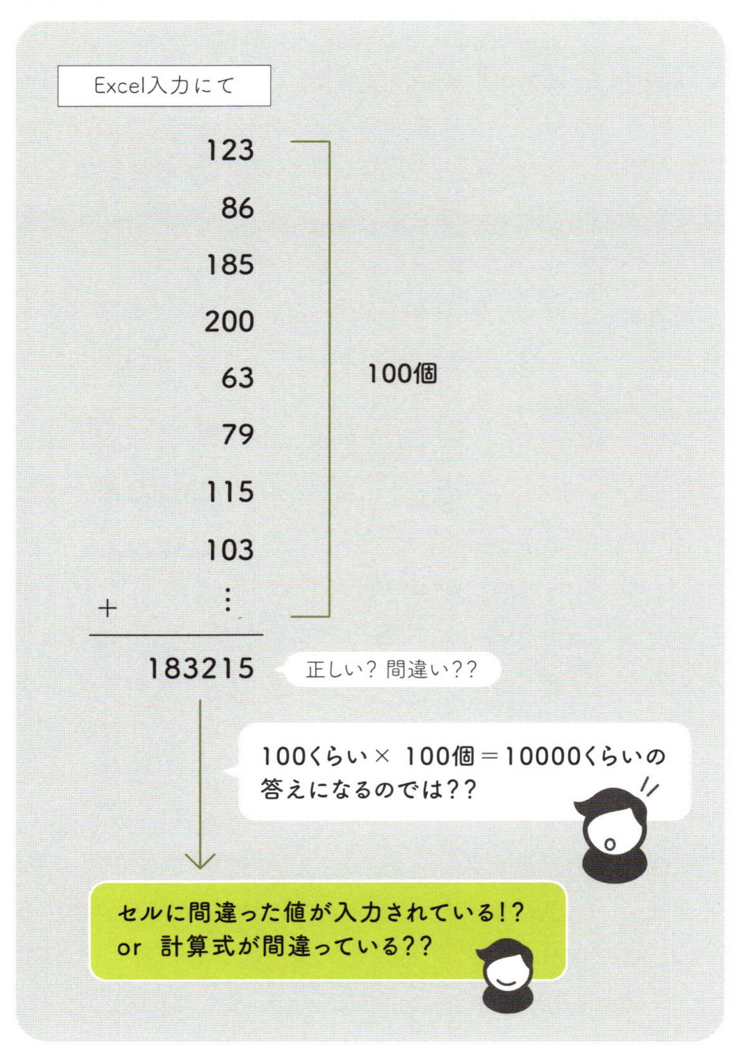

大人になると、データからは逃れられない

「私、データは扱ってません」という方もいるかもしれません。しかし、大事な「お金」、それってデータです。〇〇円、「円」という単位がついた数字こそ、データのこと。だから、お金を使う人はデータを扱っていることと同じです。

大人になったからには、「お金」からは逃れられません。何にお金を使って、何にお金を使わないのか。我々は足し算、引き算は学んでいますが、具体的なお金の活用方法については、実は大人になるまでほとんど学んでいません。家族や友人のお金の使い方を見ながら少しずつ学んでいく方も多いと思います。

「いつの間にかお金がなくなっているんですよね…」という方には、「家計簿をつける」ことをオススメします。まずは、何にお金を使っているかを把握すること、つまり「見える化」をすることによってさまざまな判断がしやすくなります。**可視化は、数字を活かすための場をつくる、重要な方法**です。食費に想定以上にお金を使っていることがわかったのであれば、外食を控えて自炊したり、買う食材の値段にも気をつけたりすると思います。1ヶ月の食費は1日の食費×月の日数から出来ていますので1回の食費が下がれば当然月の食費も下がります。

企業でも全く同じロジックです。売上が下がっていることがわかったら、何が原因で売上が下がっているのか、ということを分析していきます。例えば、「**売上＝顧客数×単価×**

購入頻度」のような方程式を立てたあと、それらの要素を可視化すればよいのです。どの要素で売上が下がっているのかを定量的に考えていくことができます。実は、家計簿の考え方も、ビジネス上での考え方も基本は一緒なのです。

合っている？ 間違っている？を判断するのは人間

2013年頃からビッグデータの時代と言われはじめ、最近では、AI・人工知能という言葉をテレビや新聞で見ない日はなくなりました。将棋・囲碁の世界トップクラスの棋士がAIに負ける様子は大きく取り上げられました。AI・人工知能に経営・政治など大きなものを任せていこうという動きすらあるくらいです。

しかし、将棋・囲碁などのように、閉じられた特殊な条件の中では人工知能は大きな成果をもたらしていますが、“汎用人工知能”と呼ばれる一般的な問題（経営・政治的な問題など）を学習していきながら最適な答えを出すものができるのは当分先だと言われています。Googleのエンジニア部門の責任者が「人工知能は4歳児ほどの汎用的能力もない」と述べたように、今はまだ小学生並の知能すらありません。

量で表せるデータを「定量的データ」と呼ぶのに対して、量で表せないデータのことを「定性的データ」と呼びますが、人は、目に見えない定性的なデータを重要視する傾向があります。例えば、残酷な選択ですが、こんな二択に迫られたとします。「自分の知らない人が10人死ぬ」か、「自分の大切な人が1人死ぬ」としたら、どちらを選ぶでしょうか。人数だけでいえば、10＞1ですが、感情としては決してそうはいかないと思います。**人工知能の出した答えに対して、Yes か No かの選択を迫られるのは人間です**。数だけでいえば当然、10人＞1人ですが、定量的なことがわかった上で、定性的な判断も大切にする。人工知能をうまく活用するために、今、データセンスが人々に求められているのです。

2次関数は、大人になってから一度も使わない!?

我々は大人になる前に小・中・高校と算数・数学をずっと学んできました。算数が6年間、そして、数学も6年間です。しかし、こんな思いをもち続けている人も多いと思います。

「大人になったけど、2次関数とか一度も使ったことないな…」

大人になってから学ぶ数学は、いくつかのタイプに分けることができます。私は1000名以上の大人の方に数学を教えてきましたが、数学の“質”にはおよそ4種類ある、ということがわかってきました。

1. **試験のための数学**
2. **“使える”“役立つ”ツールとしての数学**
3. **誰もが知っていなければいけない常識の数学**
4. **趣味として楽しむ数学**

私たちが大人になるまでに学んできたのは①だけです。人を選別する試験のための数学です。②は、理系が活用するための数学です。いわゆる、微分方程式論、確率論、ゲーム理論など、自然科学・工学・経済学等に用いられている高度な数学です。④は趣味として楽しむ数学です。問題を解いたり、未解決問題として取り組んだり、知的欲求を満たすものになります。注目したいのは、③です。基本的な数字に向き合っていくための計算力や、数学で学んだ考え方をどう現実に応用していくのか、という思考の力になります（数学の問題を解く上での思考力ではありません）。これは学校では学んでおらず、実は、大人はみな同じスタートラインに立っているのです。

「事件は紙の上で起きているんじゃない！」

私たちが学んできた「計算」は、“紙”と“ペン”を使って筆算で解くものでした。しかし、大人になると、紙もペンも手に持っていないこともしばしば。それに正直、筆算で計算するくらいなら電卓をカバンから取り出して入力したほうが、速く正確に算出できます。だから、何のために筆算を学んできたのか、わからなくなってしまうのが大人の世界です。かといって、筆算よりも電卓よりも速く、頭の中で計算しようにも、

38×2

だったらまだ解けるかもしれませんが、

38×24

となるとどうでしょう。紙とペンを使って筆算をすれば解け

るのですが、頭の中だけで計算しようとすると、計算過程を頭の片隅に置いて…そこから足し算して…と複雑になっていき、そう簡単にはできなくなります。簡単にできる人は、そもそもいつも頭の中で計算をしている人か、そろばんや暗算を子供のときに学んだ方でしょう。

学校で学んできた数学は、より計算が簡単になるように少しズルをすると（出題者が理解できない場合など）「バツ」になってしまうケースもあります。ですが、大人が学ぶ計算手法は、**「正確性」が大切なのではなく、いかに頭の中だけで解けるようにズルをするか、いかに自分が一番解きやすい方法で、最短で解けるかがテーマ**です。

頭の中だけで解けるように、私たちは新しく計算手法を学んでいかなければいけないのです。

子供と大人の数字の扱い方の違い

	子供	大人のビジネスシーン
計算	紙の上	頭の中 or 道具使用
主なシチュエーション	試験	会話・資料作成・分析
求められる質	正確性	状況による スピード or 正確性 or 解釈
道具	紙・ペン	紙・電卓・Excelなど
習得方法	公式からの問題演習	決まった習得方法はない
扱う数字の大きさ	～10000	～100兆
計算結果に対して	「1」でも違ったら 間違い	間違うことを前提に検算の チェック体制などをつくる
成果	高得点をとること	データを解釈して行動を、 売上UP等につなげること

本当に売上実績No.1なのか？

「売上実績No.1！ 1分に1個、売れています！！」のような宣伝に、一度は出会ったことがあると思います。「すごい！」と思ってそこで買うのも一つ。しかし、「怪しいなぁ、信用できない」と思って買わないと決めるのも一つです。数字が苦手な人が陥りやすいのは、この2つの対応です。

数字ではなく、信頼できる人からのコメントがあったりすると、「怪しい」のが、「ちょっとは信頼できる良い商品かも」となったりします。

大切なのは、「疑ってみる」という姿勢です。本当にそうなのだろうか。なぜ皆が買っているのか、なぜ売上実績No.1なのか、その商品のデメリットも含めて一つ一つを追究していくと、その商品のことをより深く知ることができ、購入するべきかどうか、正しい判断ができるようになります。

とある商品の広告に、「売上実績No.1」という表示がありました。それで本当にNo.1なのかどうか調べてみたことがあります。そうしたら、商品のカテゴリーが非常に細かく分けられており、該当する商品が4つしか見当たりませんでした。もっと何百商品ある中での1位かと思っていたので、4つのうちの1位というのには、少し拍子抜けしました。このように、少しだけ時間をかければ、その「根拠」を調べることができます。疑う姿勢がデータセンスを磨いていくとも言えます。

「ダイエット成功率95％!!!」は本当なのか①

ダイエット商品広告について分析していたとき、タイトルのような表現を見つけました。そのダイエット商品を使うと、本当に95％の確率でダイエットに成功するのでしょうか。

でもよく見てみると、その商品広告には小さくこう書いてありました。「ダイエット大会参加者が商品を利用して２ヶ月継続した際の体重測定結果から、開始時の体重より減少が認められた人数構成率より算出（※）。」

さて、これを見てどう思うでしょうか。実は、様々なところにツッコミポイントがありますので一緒に考えていきましょう。

まず根本的に、**ダイエット大会への参加者**、ということから、「**痩せる意思が強くあった**」ということが言えるでしょう。大会ということなので、優勝者に対して、何か報酬があったのでしょうか。報酬があるのであれば、「痩せる」ということに対して、やはり皆頑張ると思います。つまり、「ダイエット商品を利用している」という効果より、もしかすると、その「大会での報酬欲しさ」から、食事制限やトレーニングを頑張って結果が出た、という解釈もできるかもしれません。

そして、「**開始時の体重よりも減少が認められた**」、とのことですが、普通に読むと読み飛ばしそうな文章ですが、**実はこれは、１ｇでも痩せたらOK**、つまり、「**１ｇでも痩せたらダイエット成功！**」と主張しているようなものです。たった１ｇです。私たちの体重は、毎日のように変化します。食べ過ぎた日もあれば、あまり食べなかった日もあるでしょう。食べ過ぎた日は１ｇ以上重くなり、食べなかった日は１ｇ以上軽くなるはずです。そうなると、実は、約50％の確率でダイエットに成功した、と言えてしまうのです。

※特定の商品を示さないように、表現について若干の修正を加えています。

「ダイエット成功率95％!!」は本当なのか②

商品広告に小さく書かれた文章から様々な推理をしていきました。

「ダイエット大会参加者が商品を利用して２ヶ月継続した際の体重測定結果から、開始時の体重より減少が認められた人数構成率より算出。」

もう一つ、とても大切な指摘をしましょう。それは、「２ヶ月継続した」という文章です。つまり、２ヶ月継続していなくて途中で離脱した人は、今回のダイエット成功、不成功の対象者に含まれていないかもしれません。つまり、ダイエット商品を利用したけど、体に合っていなかった人、ダイエット商品を利用し続ける習慣のなかった人、そもそも途中で効果を感じなくてあきらめてしまった人は、2ヶ月も継続できずに途中で離脱しているのではないか？ という予想も立てられます。そうなると、95%の成功率は高いのでしょうか。この数字は20人中19人でかなり高い率であると言えますが、そもそもの対象者が、上記のように、根気強くこの商品を利用し、ダイエットを続けられる人に限られているとしたら…。その判断は読者の皆様にゆだねたいと思います。

また、他のダイエット商品と比較していくことも大事です。この95%が高いかどうかは、他のダイエット商品を利用すると、もっと高い成功率になるかもしれないので何とも言えません。あるいは、“皆”が痩せる、よりは、“ある特定の条件を満たす人”、例えば、体重が100kgを超える人に対してものすごく痩せる効果がある、とかそういう商品もあるかもしれません。たった一つの統計データだけでもいろいろと考えさせられます。

シンプルな表現ほど、実は悪

世の中には様々な広告やニュースがあふれています。「すぐに痩せる！」「少年犯罪が増加！」「また芸能人の不倫！？」などなど。すべてのニュースに言えることですが、「シンプル」に表現されています。例えば、広告がこんな表現だったらどうでしょう。

「ダイエット意欲のある方に、1日2食にして頂き、1食分はこのダイエット食品を導入しながら、生活習慣を改善して頂けば、3ヶ月後に3キロ以上痩せる可能性が90%です。痩せない方も10%います。」

非常に長い文章ですね。時間がなく、様々な情報に晒(さら)されて目移りしやすい現代人はまず最後まで読んでくれないでしょう。しかし、「すぐに痩せる！」よりは正しい表現だと思います。広告やニュースのコピーには、必ず意図があり、我々の感情をゆさぶるように出来ています。感情をゆさぶるのは中途半端な表現ではなく、極端な表現です。「絶対に痩せる！」「◯◯をしないと病気になる！」「知らないと損する！」など。

あらゆる情報が世の中にあふれています。その中で注目を集めるために、広告やニュースはいろいろな工夫をしています。しかし、同時に多くの誤解を生むことは言うまでもありません。青少年による殺人件数は1960年代をピークに大幅に減少(※1)していますし、離婚件数も増えているようなイメージがありますが、2002年をピークに約25%減少しています(※2)。

もしかすると、勘違いされていた方もいるのではないでしょうか。実は、**世の中は白と黒で出来ているのではなく、グレーで出来ています**。良いものもたくさんあるし、悪いものもたくさんある。むしろ、人によってその良さも悪さも変わってしまうし、しかも過去それが良かったことでも今の時代に合わないということもあります。しかし、**その曖昧さを理解することが人に備わった「知性」だと信じています**。だからこそ、データセンスで、データの裏にある真実を、一人一人が実感してほしいと思います。

真実は、実際のデータを眺めることから始まります。私たちを強く刺激するのはシンプルな表現ですが、実は正しさを保証していません。あなたはどちらを選びますか？

※1 平成29年度版犯罪白書

※2 平成28年人口動態統計の年間推計（厚生労働省）

データがわからないと、世界の意味の半分を見失う

例えば、あなたの部下がこんなことを言ってきたとします。

「○○の商品、評判悪いですよ。みんな言ってます」

さて、あなたはどんな反応をするでしょうか。

「やばい！」となるかもしれませんし、「そう思ってたんだよ！」とその話に乗っていくかもしれません。注目したいのは、**「みんな言ってる」の「みんな」という表現**です。大抵聞いてみると、「○○さんと○○さんから聞きました」となり、**せいぜい２人か３人**ということがよくあります。

数字でいえば、「みんなではなく、２人が言っていた」となります。データに意味づけをするのは我々です。「2人」を「みんな」にしたのはその人の主観です。

スケールの違いはあれ、実はこういうことは結構あります。

「やばい！ 状況が本当に大変で、皆困ってます！」

という表現。これも、何が具体的に大変なのかがわかりません。とにかくいつもの状況とは違うことが起きているという

ことはわかりますが、何が大変なのか。例えばコンビニのワンシーンで、いつも5人しかお客さんが並ばないのに、10人並んでいて待たせてしまっている！ ということがまずいのかもしれません。しかし、10人並ぶのが本当にまずいかどうかは、満足度には影響しそうですが、それが売上に影響するかどうかについてはまた別の問題です。

具体的に、**何がどのくらいの量になっているのか**という視点を忘れないようにしておきましょう。

一人ひとりが「データ」と共に成長していける人材になる

数字に敏感になると、世の中のあらゆる数が意味をもって自分の中に吸収されていきます。今まで聞き取れなかった数字や、新聞や社内資料に書いてあった数字が意味をもって自分の中に吸収されていきます。

「売上が30億円上がった、ということは、○○ということなのか」

「3年連続で売上が5%成長したということは、○○なのね」

というように。様々な「数字」と仲良くなった先に、「数字」から読み取れる意味を自分の中に吸収できる時期がくることでしょう。

社会で生きるために必要な「数字」の性質について、私たちはきちんと学んでいません。**素数や合成数、整数や自然数といった学問としての「数」の性質は学んだかもしれませんが、1000円がどういう意味をもつのか、1000億円ならどう**

いう意味をもつのか、については一切教わることがありませんでした。今でもその教育方法は確立されていません。ごく一部の様々な「数字」と触れあい続けることができた人だけが、数字に意味づけをし、センスを身につけ、数字を活用していくことができているのです。

これまでは定性的な面のみで考えてきた方も、データセンスを身につけることで、人の気持ちや感情面だけでなく、定量的な情報（数、量、金額、人数など）も一緒に考え、より深く出来事や物事に向き合うことができるようになります。

MEMO

data sense

データセンスはどんな人に必要か

半数以上の大人が「数字」は苦手!?

「あーーー数学苦手なんです」

というセリフ、何度聞いたことでしょうか。「社会人向けの数学教室をやっています」とお話すると、まるで定型句かのようにこの言葉を頂きます。

実は、**日本人の中学2年生の5人中3人以上が「数学が嫌い」という統計データがあります**(※)。中学2年生の段階ですから、まだ「2次関数」や「微分積分」、とも出会っていません。しかし、既に半分以上の中学生が数学に苦手意識を感じてしまっています。

これまで多くの社会人の方とお会いしてきて、この割合は大して変わらない…、いや、もっと多いかもしれないと思っています。もちろん、「数学」が嫌いというのと、「数字」が嫌い、というのは別ですが、数学嫌いがそのまま数字嫌いになるケースは少なくありません。

社会人になって、その苦手意識を克服するために、算数や数学のテキストを開いて一から学んでいくのも一つの道かもしれませんが、忙しい我々、社会人にとってみれば、その山を克服するのは非常に困難なことに感じます。であれば、最短でその"データセンス"を身につけるための、可能な限り短い旅ができたらと思います。

「数字が世界共通語、数字で語れるようになろう」

というスローガンをもつ企業も多く存在しています。しかし、数字で語りたい、と思いながら、その力を身につける方法は、

「OJT（On the Job Trainingの略で実務をしながら必要なタイミングで教育訓練を行なうこと）」、つまり仕事をやりながらという形で、数字が苦手な方の根本的な解決に焦点をおいたものではありません。身につけられる方もいますが、身につかない方のほうが多いのが現状です。

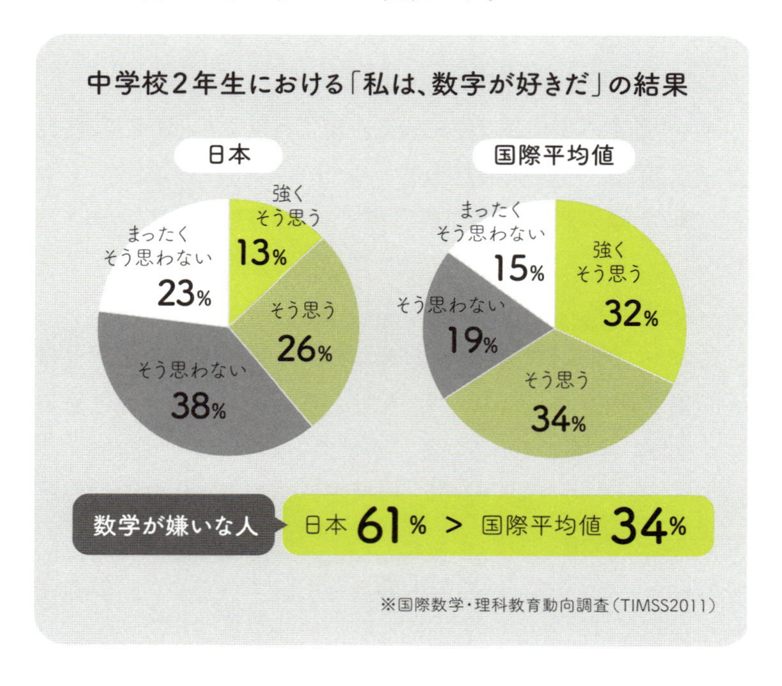

データセンスが身につくとこんなに変化する！

データセンスの効能は様々な面で現れます。営業、事務、ＳＥ、マーケティング、マネジメント、経営などあらゆる業務で必要です。

■「数字」に対しての意識が変化します

- 数字が好きになり、数字を見るとつい計算してしまう
- あらゆる数を素早く計算し、比較することができる
- 効率よくお金を使えるようになる
- 事件やニュースの様々な数字の背景を読み解き、考察できる
- 結果（売上等）に対してのコミットが強くなる

■ 会話・会議の場面で……

- 会話の中で出てきた大きな数字や割合を聞き取れる
- 数字を用いて論理的に、他者が納得できる提案ができる
- ビジネス構造から推測し、プロジェクトの方向を定められる
- 会議議題について論理的に整理することができる
- 感情論ではなく、冷静に数字で物事を把握・分析できる
- タスクや物事の優先順位をつけ、業務の取捨選択ができる
- 大きな数を、皆が実感できる量に分解して解釈、説明できる

■ 事務・分析の場面で……

- 検算ができ、電卓・Excelの計算結果をチェックできる
- 複数のデータをまとめ、必要に応じた資料を作成できる
- 数値やグラフの意味していることを読み解ける
- 定性的なものを、定量的な側面から考察できるようになる
- 統計学活用やデータ分析における"勘所"がわかる
- ビジネスにおける重要な数字と重要ではない数字の区別ができる

「数字で語れない者は去れ!」

日本でも有数の成果を上げている投資家の方が言うには、

「財務諸表の数字を見ただけで視覚的にグラフになって目の前に現れる」

「数字を見れば、大体5分くらいでどこに問題があって、何の対策を打っていくべきかわかる」

ということです。果たして、日本にこのくらい数字が得意な人が何人いるでしょうか。

その方は幼い頃から数字とずっと触れあってきて、「投資」を実践する中で、会社の財務情報をずっと眺めていたそうです。

他にも、ソフトバンクの孫正義社長も、

「数字で語れない者は去れ!」

「これからは多変量解析をしないやつはいらない!」(※)

と言ったといわれています。

経営者で数字を大切にしていない人はいません。なぜなら、経営における成果とは売上であり、利益であるからです。もちろん、他の要素もありますが、売上や利益がないと、経営ができません。経営を意識していない人でも、ご自身の給料がいきなり毎月5万円減る、となれば、やはり心は揺れ動くことでしょう。数字はお金であり、成果でもあります。成果に対してきちんとコミットすればするほど、数字を大切にせざるを得ないのです。

※多変量解析は統計学の手法で、様々な要素の関連性を量的に分析する手法。
『孫社長にたたきこまれた すごい「数値化」仕事術』(PHP 研究所)より。

数字には「物語」がいつもある

経団連第 11 代会長の御手洗冨士夫氏の名言の一つを考察していきます。

「**数字なき物語も、物語なき数字も意味はない**」

例えば、営業マンに目標を聞くと、「売上〇〇円を達成します！」などと威勢のいい発言をすることがあります。「おっ、すごいな…」と思うのですが、しかし、実際にすぐに売上につながりそうな見込み案件を聞いてみると意外と件数が少なかったりします。例えば、1ヶ月で 10 件の契約が欲しいのであれば、30 件の検討案件をつくり、100 件の新規営業を行なうなどといった、目の前の現実的な「数字」に関する具体的な計画も同時に必要です。

なぜ、大きめの数字を言ってしまうのか。それは、営業マンは「成果を出したい」「数字を大きく見せたい」という願望があるからです。**人は、漠然とした未来に希望があって欲しいとき、"大きな数字"を提示する**ときがあります。しかし、目の前を見てみると意外と件数が少ないこともしばしば。もちろん、見込み案件が少なくても突然売上につながることもあるので、その業種における特性を理解した上で判断する必要があります。

夢見るミュージシャンでも一緒です。夢は大きいけどやっていることはアルバイトの毎日。「いつかスカウトがくることを夢見て…」のように考えても、そんな彼氏をもつ彼女には、残酷な現実がよくわかっています。その「いつか」が具体的に「いつ」になるということを決めるための具体的な計画が、人を安心させることは言うまでもありません。夢は夢、現実は現実として足元を固めた日々を送りたいものですね。

計算が速い人≠データセンスがある

「あ、社内にデータセンスがある人います！ 飲み会の割り勘の金額をすぐに計算してくれる人がいて…」
というケースもよく耳にします。計算力は当然、データセンスの一つのスキルではありますが、**データセンスの神髄ではありません**。

もちろん、計算が速ければ速いほど、データセンスを習得する可能性が高くなるのは間違いありませんし、数字と仲が良いとも言えるでしょう。**データセンスにおいての計算力は、いわば「ポテンシャル」です**。しかし、そういう方がビジネス的なことに興味をもっているとは限りません。計算だけ得意であっても、ビジネス構造がわかっていないと、とんでもない決定をしてしまう可能性は少なくありません。

今月の売上について、目標に対して3.2％足りなかった、というときに、その3.2％足りなかったというのは、どういう意味をもつのか、それは自社のビジネス環境の中で決まります。本来、**データセンスをもっている人は、仕事でキーとなっている数を記憶していたり、ビジネス構造を論理的にとらえているなど、数字に意味が紐づいているから仕事ができる**のです。

数学的思考力がある≠データセンスがある

「あの人、数学が超できるらしくて、数学的思考力があるんだよね」
というセリフをある企業の方から聞いたことがあります。でも、そのあとに続く言葉がありました。

「数学ができるのはいいんだけど、話がかみ合わないんだよね」

そう、**数学ができることとビジネスができることは、別です**。ビジネスは、コミュニケーションを主体とする人間関係などの様々な要素を考慮しなければならず、数学の理論だけでは太刀打ちできません。「経験」から得たもの､例えば「相手にいかにメリットを感じてもらうか」「相手にいかに納得してもらうか」ということを表現する能力が必要だからです。

でも、その企業の方はこうも言います。**「数学的思考力は重要だとは思うんだけどね」と。おそらく、数学的思考力の重要性は皆が知っています**。しかし、それがあるのと、ビジネスの能力があるのとでは違う、そう感じているのです。

例えば、三段論法。「(A ⇒ B かつ B ⇒ C) ⇒ (A ⇒ C)」

というものがありますが、これを現実の言葉に置き換えてみましょう。

「新商品Aに対してアンケートを実施し、8割の人が"欲しい"と回答。アンケートで8割の人が"欲しい"と答えた商品は売れる。ならば、新商品Aは売れる」

これは本当でしょうか？ 実は、一見"正しい"ように見えますが、"正しくない"こともあるのです。例えば、8割の人が「欲しい」と回答した"過去の新商品"に対して売れただけであって、そのときとはビジネス環境も変わり、「売れない」という可能性もあります。他にも、実際に販売し始める直前に、その商品よりも安いライバル商品が突然現れて全く売れなくなるかもしれません。

数学的思考を正しく用いれば、当然正しい論理的結論が導き出せますが、勘違いした論理の下では「風が吹けば桶屋が儲かる」ように見えることがあります。しかし、実際のところ、「風が吹けば桶屋が儲かる」可能性は非常に低いことは想像がつくと思います。

論理的に正しいように見えても、「実際にはどうなのか」という検証が必要です。

数学で使われている思考法も大切ですが、数学で使われている思考法を現実にどう応用するのかという視点を忘れてはいけません。

理系と文系、スペシャリストとジェネラリストのあいだをつなげる

文系の人と理系の人のあいだには、相当な隔たりがあります。理系の人の会話はほとんど文系の人に理解してもらえなかったりすることがあります。いきなり専門用語が飛び出すような会話になってしまいがちです。しかも、相手が理解できるかどうかにかかわらず、つい難しい言葉を使ってしまうのです。理系の人からすると、「難しい」なんて思いません。普通の専門書に書かれている日常の言葉ですから。しかし、文系の人には異国の言葉のように聞こえてしまいます。その部分だけすっぽり抜け落ちてしまうのです。当然、その用語の中に「数字」が紛れて存在しています。

「開発中の食品が従来の食品に比べてダイエットに効くという事を大々的に宣伝するためには、有意水準を0.05、効果量を0.2とした時に、検出力が0.80くらいは欲しいので、そうなるとサンプル数は400を超える必要があるんです」

などと、数字や記号、専門用語が出てきます。おそらくこれらを知らない人が聞くと、

「開発中の食品が従来の食品に比べてダイエットに効くという事を大々的に宣伝するためには、……400を超える必要があるんです」

と聞こえるのではないでしょうか。「えっ、何が400ですか？」と思わず質問したくなっちゃいますね。

もちろん、ここでは文系、理系とざっくりな区分けで考えていきましたが、もっと言えば、文系・理系という隔たりだけではなく、スペシャリスト(※1)とジェネラリスト(※2)の違い、というものもあります。スペシャリストをどれだけ生かすかは、そのスペシャリストとコミュニケーションをとりながら、いかに多くの人にその成果を受け入れられるようにするか、ジェネラリストが考えなければいけません。そのちょうど間にくる要素の一つがデータセンスです。だからこそ、ジェネラリストの数字の苦手な方にこそ、学んでほしい。お互いを理解し合い、活用していく、そのためにデータセンスを高めていきましょう。

※1 **スペシャリスト**……特定の分野に秀でた人のことを指します。研究職や技術職などがあり、ある特定の分野に特化したからこそ一点突破でものすごい成果を生み出すことがあります。

※2 **ジェネラリスト**……広い知識をもった人のことですが、一般的にはマネージャー職や管理職の方を指します。ある特定の分野で成果を出すというよりは、スペシャリストなど他メンバーの力を最大限生かすことで成果を生み出す職の方を指します。

世界は、計算間違いに優しい

あなたの部下の今期の営業売上が1019万円だったとします。このとき、その部下から、

「今年は営業の売上が1000万円だったので、来年は2割アップの1200万円を目標にしたいです」

と報告を受けたら、どう反応しますか？　1019万円を、1000万円と言ってきました。19万円分、虚偽の報告です。あな

たは怒りますか？

まれに、「怒る」という方もいますが、ほとんどの方は別に怒ることはしないでしょう。なぜなら、1019万円は、ざっくり1000万円だからです。**この“ざっくり”感というのがビジネスにおいて、あるいは、我々が物事を判断するときにも非常に大事な指標になっていきます**。

当然、人の命に係わることなど「1」の間違いも許されないこともあります。学校で習ってきた「計算」もそう。「1」の間違いでも絶対に許されない世界です。答えが100なのに、101と書けばやはり間違いにされ、評価されないでしょう。しかし社会人になると、頭の数字があっていれば大体それで許される、というシーンは数多くあります。頭の中での計算は、あいまいなものでも許容する仕組みをもっています。会話の中では、101であれば、100と言ってしまってもOK。むしろ、いちいち101と言うと、会話において一歩遅れてしまう懸念があります。「3億9103万9911円」という会社の数字があったときに、それをそのまま正確に言う必要がどれだけあるでしょうか。おそらく、「4億ですね」と一秒で済むでしょう。**世界が必要としているのは正確性よりもむしろ、ざっくりとした表現なのです**。

data sense

データセンスの身につけ方

マニュアルだけでは解決できない世の中

学校で学んだ、算数や数学。どのようなことに重点を置いて学んでいたのでしょうか。学校で学ぶことの大きなゴールは、「受験に合格する」ということでした。そのため、**点数をいかにとるか、という戦略に基づいた学習**がなされていたことと思います。つまり、

- 公式を覚える、理解する
- 公式を使って解ける問題を解く

というような流れの学習です。一般的な解法を覚えてから、その解法を応用して問題を解く、という流れで、解ける問題を増やしていきます。しかも、その解ける問題を減らさないために、いかに覚え続けられるか、というテストという名のゲームをしていきます。

しかし、現実社会で大人が解く必要のある問題は、

- **「答えが何種類もある」か、「そもそも答えがない」**
- **明確な正解というよりは、皆が満足する最適な落としどころを見つける**

というものです。「この問題には、この公式を使えば絶対に解ける」という保証はありません。もちろん、問題解決しやすくなるルートはあると思いますが、その通りに行動したら“絶対に”解ける、ということはありません。

「公式」を使って解くということを繰り返すと、その問題が出たときにしか解けません。公式だけを使って解こうとしてしまいます。このようなマニュアルに沿った解決という学

校での習得の仕方は「現実社会に沿っていない」かもしれません。しかし、**実はメリットもあります。それは、「すぐに使える人材になる」ということです**。なぜなら、マニュアルやルールがあれば、その通りにやれば一定の成果を上げることができます。データ入力作業などもその一つです。データ入力に必要なのは、応用というより、あらゆるパターンのときの決められた対応ルールを正確に適用する能力です。マニュアル通りにだけやっていればすぐ成果になり、すぐに使える人材になるでしょう。

しかし現実の世界は、「マニュアル」だけで構成されていないのは明らかです。「あなたの生きるべき道マニュアル」なんてあったら読んでみたいものです。公式でも解けないし、同じ問題はほぼ出てきません。だからこそ、学んだことをいかに現実に応用するか、を主眼に置いた学習方法へシフトする必要があります。

「数」の試行錯誤を積み重ねる

日本の企業は「後継者育成」という大きな問題を抱えています。経営者の高齢化が我が国の問題の一つとなっており、国内企業の3分の2にあたる66.5%で後継者不在と言われています(※)。

なぜ難しいのか。それは、リーダーとしての器もさることながら、様々な未知の問題に立ち向かう力を育成することが非常に難しいから、という一因が挙げられます。

「経営者は経営しながら経営者になる」という言葉もあるくらいで、答えが全く見えない応用問題がどんどん目の前に現れるわけです。そんなとき、どんな行動をしたらいいのか、が問われてきます。これらの問題に対処するためのマニュアルはありません。すべて一から考えなければいけない、ということに直面していきます。「マニュアルで生きる」ということから「マニュアルなしでどう生きるか」ということへシフトしていかなければならないのです。

では、未知の問題に立ち向かう力をどんな風に身につけたらいいのでしょうか。

それは、「スキル」として自分の中に定着させる方法です。スキルとは、単なるA ⇒ Bというマニュアルではなく、A ⇒ B or C or D or その他、というような、そのときの状況に応じて対応を変えていくための力です。マニュアルやルールは、その通りにやるからマニュアルになってしまうわけで、**どんな風に向き合ったらいいか、を自分で「考える」とき、それがスキルへと変わります。**

スキルとは、最初は"知識"でしかなかったものが、たくさんの実践を積み重ね、たくさんの失敗をする中で、試行錯誤を経て得られるものです。失敗をすることで、"やってはいけないライン"と、"やったら結構うまくいく"ことのライン引きを自分で考えて行なえるようになっていきます。

※帝国データバンク「2017年 後継者問題に関する企業の実態調査」

スキルの先にデータセンスが待っている

この書籍では、すべてを解説することはありません。すべて解説してしまったら、それはもうマニュアルになるからです。自分で工夫しながら自分なりの最適解を見つけていく、それが自分のスキルへと変わっていくのです。

例えば、22 × 18 という掛け算は、工夫すると、「44 × 9」とも計算できますし、「11 × 36」としても、「$20^2 - 2^2$」としても計算可能です（本書ではすべて解説しません）。あるいは概算という観点では「400 くらい」か「400 よりもちょっとだけ小さい」としても正解にしてしまうのです。**何が正解になるのか、それはケースバイケースで、そのシチュエーションでどのくらいの精度が求められるのか、を主軸にして、考えなければいけない**のです。型通りに行なうことがデータセンスではありません。だから、あえてほんの少しだけ不親切なところも時にあります。ただ、第II部で扱う演習は、思考錯誤して挑戦していけばすべて解ける問題です。その挑戦やうまくいかなかった経験が必ず糧となることを信じて、ぜひ一歩踏み出していきましょう（そもそもすべて解説してしまえば本は2倍以上の厚さになり、あなたはこの本を手にとらなかったかもしれません）。最終的には、学んだ型を応用して、自分で判断する力も問うていくのです。だからこそ、まずは「スキル」として、自分のノウハウにしましょう。その先にセンスが待っているのです。

大人になると、どうして「解の公式」を忘れてしまうのか

さて、皆さんにこんな質問をします。

「二次方程式の解の公式、覚えていますか？」

中高生、大学生ならきっと覚えている（いてほしい）ことでしょう。しかし、受験の終わった大人のあなた。覚えていますか？

おそらくほとんどの方が覚えていないと思います。以前、弊社スタッフが東京・渋谷の駅前で100人にアンケートをとりました。「解の公式、覚えていますか？」と。

実は、社会人で答えられた方は一人もおられませんでした。答えられたのは中高生だけ。社会人に聞けど、全員覚えていない（最初から最後まですらすら言えた人は一人もいませんでした）。あれだけ子供のときに「覚えなければいけない」と言われたものなのに。もちろん、学生時代にすら覚えていない人もいるでしょうし、道行く人に適当にとったアンケートなので偏った結果にもなっているでしょう。しかし、聞く人聞く人、全く答えられないという状況に、"数学好き"なスタッフは「唖然とした」とのことでした。

数学は、大人になると、ほとんどの方は使う機会がありません。しかも、意味なく公式だけを覚えさせられたのであれば、やはり忘れてしまいます。

だからこそ、これから学ぶ「データセンス」は、日常的に使うことを意識したり、「なぜそうなるのか？」という理由も一緒に覚えたりすることが大切なのです。

データセンスは「わかる」だけではダメ

理論上は、「わかる」ということはたくさんあります。例えば、大きな数字は、0の個数を数えれば誰もが読めますね。「一、十、百、千、万、……」と読んでいけばいいのです。しかし、その数がいくつであるかは“2秒”で答えたいところです。例えば、

「1,000,000,000」

という数字を見て、パッと答えが出てくるでしょうか。普段から数字に近いところにいる人は、2、3秒で答えが出るかもしれません。しかし、ほとんどの人は、0の個数を最初から数え始めるでしょう。そして、10秒かかって答えを出すはずです。そう、誰もが時間をかければ読める「数字」はこの世界にはたくさんあります。**だけど、そもそも読んでいない、ということに気づくはずです**。

「1,000,000,000」

なんていう数字を見たら普通どうするのか。それは、「スルー」です。そもそも読まない。皆さん忙しく、10秒もかかるようなことは本当に必要がなければまずしたがりません。10秒で読めることはわかっていても、10秒もかけたくないのです。**だからこそ、2秒で読める訓練が必要です。2秒で読めるから、読む**のです。2秒で読めるように、訓練をしなければいけないのです。

「わかる」だけではまだダメで、「できる」ようになるまで繰り返しトレーニングする必要があります。野球のルールは

わかっても、ヒットが打てないのと一緒です。体になじむまで、トレーニングを繰り返して自分の習慣にしてしまいましょう。

「筋肉をつけたいけど、筋トレしたくない」それってできる？

あなたのところに友人が相談しにきたとします。

「筋肉をつけてかっこいい男になりたいと思っている」と。その先にこう続けます。「でも、一切、努力したくない。筋トレもしたくない」

おそらくあなたはこう返すでしょう。「無理じゃない？」と。もちろん、努力しなくても筋肉をつける方法は私が知らないだけで、どこかにあるのかもしれません（筋肉に電気刺激を与えるマシンなど）。でも、基本的には筋肉をつけたいなら、やはり努力は必要です。そして、**その努力は、月に一度だけでいいでしょうか**。それだとほんの少しは筋肉がつくかもしれませんが、3週間も経てばおそらく努力をする前と同じような体になってしまうのではないでしょうか。おそらくあなたは知っています。「**継続は力なり**」ということを。週1〜2回は1〜2時間くらいトレーニングをするとよいと友人にアドバイスするでしょう。そして、その友人は、何か他の趣味の時間等を削り、週に2回ほどジムに通い、半年後には理想的な体を手に入れます。

さて、データセンスも実は全く同じです。たとえ、一時的に計算が速くなったとしても、1年も使わなければ忘れてしまうことがあるでしょう。だからこそ、自分の生活の中で数字を意識する瞬間をいくつもてるのか、一週間の中でどれだけ意識して生活しているのか、ということがテーマになります。**例えば、買い物の瞬間、家計簿をつけるとき、ニュースで出てくる数字、仕事のミーティングの場に出てきたグラフ、様々な場面でデータと触れあえる瞬間があります**。そのときに何を思うのか。データセンスが問われる瞬間はすぐそこにあります。

大きな一歩は、「習慣」をつくること

日頃から数字と触れあう習慣をつくること。それがデータセンスを鍛える大きな一歩になります。数字と触れあう局面は誰しも一日のうちに何度も経験しています。財布を見るとき、買い物をするとき、新聞を見るとき、ニュースを見るとき、仕事のデータを見るとき、グラフを見るとき、データをまとめるとき、グラフを作るときなど。いや、もっと日常に近いところにあります。カレンダーを見るとき、時計を見るとき、携帯を見るとき、バスの中吊り広告、交通カードの残高、ランチ代、今日の最高気温、……すべてが数字です。数字に囲まれています。

しかも、そのデータセンスを活用する瞬間は突然現れます。

「3月28日から1週間旅行に行くから帰ってくるのは何日

かな？」

「この商品とこの商品をまとめて買うと2割引きになるようですけど、ざっくりいくらになりますか？」

なんて。いきなり出てくるので、そのときに、データセンスがないとまず慌てます。

「えーっと、えーっと…」

と。暗算をするのか、電卓を取り出すのか、Excel に打ち込んで計算をするのか、瞬時に考えなければいけません。

「この計算はどうやってやるんだったかな…どうしよう」

と、あたふたしている時間はありません。考えている時間があるのであれば、電卓やカレンダーを出して、20 秒かけて計算したほうが速い、ということになります。**本当は、3秒で答えを出したい。3秒で答えられるからこそ、「この人は数字に強い」という信頼を勝ち取っていけるのです。いつ数字が現れてもいい、そのときのための「習慣」をつくるのです。**

data sense

データセンス基本テスト

自分のデータセンス「守（しゅ）」の実力を試してみましょう

ポイント

- テスト時間は3分。時間を測って挑戦してみましょう。
- 問題数は20問（1問5点）
- 順番通り解かなくてもOKです。できそうな問題から挑戦してみてください。
- 紙と鉛筆だけで挑戦をしましょう（電卓等使用不可）。
- (20) 以外は正確な答えを出してください。
- できなくても自信を無くさず、最後まで挑戦をしてみましょう。

MEMO

「計算力」テスト

(1) 1,000 − 482

(2) 平昌オリンピックの開催は2月9日～25日でした。大会期間は何日間だったでしょう。

(3) (8 + 4 × 4) ÷ (2 + 4) + 11

(4) 67 × 8

(5) 83の1%は?

(6) 1.7 × 0.06

(7) 435 + 498

(8) 1,001 × 23

(9) 84 × 0.25

(10) 16 × 22

(11) 600万円が120%アップしたらいくらですか。

(12) 次の3つの分数で一番小さいものはどれですか。

$\frac{7}{10}$, $\frac{7}{8}$, $\frac{7}{9}$

(13) $\frac{12}{51}$ を約分してください。

(14) 0.25時間は何分でしょうか。

(15) 100 ÷ 0.2

(16) 105,000 ÷ 1.5

(17) 1,000,000,000（千円）を
漢字で書いてください。

(18) 1,000,000 × 100,000 を
漢字で書いてください。

(19) 三千万 × 五千
漢字で書いてください。

(20) 年間7億円の売上の会社の
月間売上は大体いくらでしょうか。

MEMO

答え
(1)518　(2)17日間　(3)15　(4)536　(5)0.83
(6)0.102　(7)933　(8)23023　(9)21　(10)352
(11)1320万円　(12) $\frac{7}{10}$　(13) $\frac{4}{17}$　(14)15分　(15)500
(16)70000　(17)一兆円　(18)千億　(19)千五百億
(20)5600万円〜6000万円を記載すればOK

あなたのテスト結果を評価してみましょう

95点以上　優
→**計算力は十分あります！** 日常的に計算をしている成果が出ていますね！

80~90点　良
→**高得点です！** 日頃から電卓等を使わず、頭の中だけで計算しているのでは？
計算テクニックを中心に学び、効率的に覚えればすぐに95点以上は狙えるでしょう。

50~75点　可
→**普段から比較的、数字を意識しているのではないでしょうか。**数字の性質や計算にもう少し慣れることでコミュニケーションに数字を活用していくことができます。

30~45点　準可
→**まずは数字と仲良くなりましょう！**
数字をいじってみたり、桁が繰り上がる計算にも挑戦するなど、電卓ではなく、暗算や筆算することも日ごろから意識していきましょう。

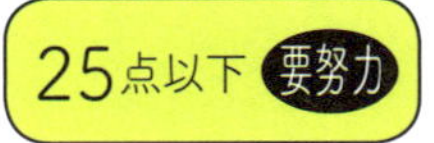

→まずはきちんと数字と向き合うことから。家計簿をつけてみたり、お釣りを最小化するお金の支払い方を考えてみましょう。

自分のテストの結果に一喜一憂する必要はありません。ここがスタートラインです。大切なのは、ここからどうデータセンスを身につけていくのか、ということです。第Ⅱ部ではデータセンスを訓練するトレーニングをいくつかご紹介していますので挑戦していきましょう。

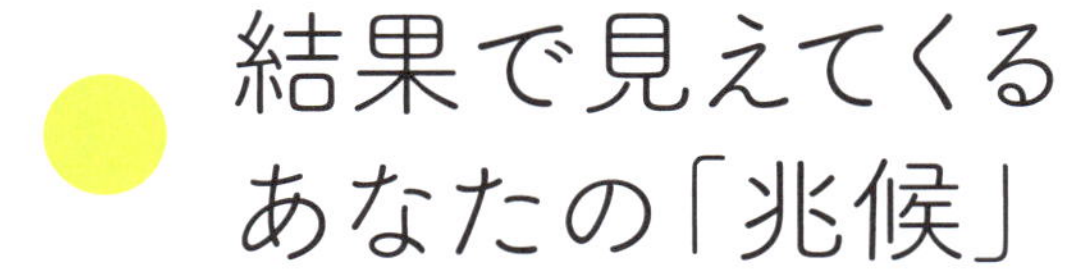

● 上から順に解いてしまった方へ

“効率のよいところ”から挑戦をしてみる、ということを試していきましょう。学校のテストのように、下にいけばいくほど難しい問題が並んでいるわけではありません。自分のできるところ、時間制限がある中で点数を最適化するように取り組めるかどうかを改めて考えていきましょう。

● 3問以上計算間違いをしてしまった方へ

私たちは計算間違いをすることに敏感になっています。学校のテストがそのような仕組みになっているからです。だから、計算間違いをしないように慎重に問題を解く傾向があります。データセンスでは、正確性よりもスピードを重視するのであまり気にする必要はありません。でも、**3問以上間違**

えたということは、計算方法が根本的に何か違っていたり、勘違いしている可能性もあります。九九や、筆算の方法など、改めて計算の基本に立ち返って自分の書いた式を確認してみましょう。

● 答え合わせではなく、「検算」から安心感を抱こう

第Ⅱ部の演習では答えも掲載していますが、答え合わせはそれほど重要ではありません。むしろ、答え合わせをして、「よかった、合っていた」と安心するのではなく、「検算をしたけど、合っていた！」から安心感を抱けるようにしましょう。計算が強い人も、計算間違いをよくします。しかし、**計算が強い人は自分が間違えることをわかっている**ので、計算をし終わったあとに「検算」をする癖があります。間違った答えを書かないように、言わないように気をつけているのです。社会人が向き合っていく計算は、ほとんどの場合誰かが答えを教えてくれるわけではありません。**「検算」を癖にすることで、どこにも答えが載っていない問題に自信をもって向き合っていきましょう**。

MEMO

data sense

データセンスの内容は？

データセンスは「守」が大切

物事を習得するときの流れで、「守・破・離」という考え方があります。

「守」がまずは「型」を守ること。マナーや礼儀のようなもの、基本動作とも言えるでしょう。

「破」がその型を少しずつ破ること。その型以外の考え方をもち込み、少しアレンジを加えたりすることなどを言います。

「離」が破のさらなる応用です。自己流のやり方で物事に取り組むことを言います。

さて、データセンス習得でも、「守・破・離」の流れが重要になります。「守」は、基本的な計算のことです。または、計算に対する考え方の習得のことを言います。例えば、九九のできない人が数字のセンスを身につけたいというと、少し厳しいかもしれません。まずは九九を覚えることが第一歩だとデータセンスでは考えています。「破」は、その守を大事にしながら、応用することを学びます。データ力、分析力、構造力がデータセンスの「破」に該当します。

守	破	離
・計算力 ・概算力 ・割合力	・データ力 ・分析力 ・構造力	・ビジネス応用力 ・モデリング力

そして「離」。ビジネス応用やモデリングなど、自分のビジネスにデータセンスを駆使しながら学んでいくことを言います。「破」・「離」から学ぶことも考えられますが、まずは、基本となる「守」が大切であると考えています。

本書では、「守」の内容を以下の流れで学んでいくことでデータセンスの習得を目指します。

Step 1　身の周りのものを計算してみる

Step 2　ちゃんと計算ができる

Step 3　素早く計算する

Step 4　他と比べることができる

Step 5　大きい数字と慣れ親しむ

Step 6　ざっくり計算ができる

また、守・破・離のそれぞれのスキルを使って、各業種・役職ごとに必要なものや応用が異なってきますので、まずは目的ごとに、その守・破・離についてどこが大切なのかを考えていきましょう。

新入社員のためのデータセンス

新入社員のためのデータセンス。どんな能力が必要とされるのでしょうか。まずは、基本的な計算ができることが前提です。知っていて当たり前の四則演算、小数、分数の扱いはどうでしょうか。業種によっては、「平米、リットル、kg」などの単位がついた数も多く出てくるでしょう。あまりに基礎的なので、「知っていることが前提」で会話が行なわれます。

そして、電卓やExcelなどの表計算ソフトも当たり前に使えることが求められます。電卓はほとんどの方が使えると思いますが、Excelなどの表計算ソフトも入力の方法や表やグラフの作り方などは理解して扱えるようにしておきましょう。

様々なデータを扱う中で、そのデータの意味をつくるのは、その背景にある構造です。例えば、会社が成り立っているのは、売上が立ち、利益が出ているからです。まず売上があり、そこから経費を差し引いたものが利益になります。自分の上げた売上が丸々利益になるわけではありません。もちろん会社の経理や財務の構造もできれば知っておくといいでしょう。

数字が苦手な人は、まずは苦手意識を克服できるように、数字と仲良くなることが大事です。入社時から数字を気にしている人と、苦手で全く見ないようにしている人との差は長期的に積み重なっていってしまいます。数字と手を繋ぐために、お釣りの計算や、最高気温と最低気温の差を引き算してみたり、日付の差をとって○日間と計算してみたりするなど、日ごろからできることを積み重ねていきましょう。

慣れてきたのなら、新聞を読む際など、時事問題についても「ゴシップ」としてとらえるのではなく、定量的に、数字を含めて考察してみましょう。

営業マンのためのデータセンス

営業活動において、顧客とのコミュニケーションが重要なのは言うまでもありませんが、**その会話の中で数字をどれだ**

け活用しているかが、顧客からの信頼へとつながります。

「めちゃくちゃいいです！」

「コスト削減できるよう頑張ります！」

という言葉は、気持ちは伝わるのですが、具体的な金額が欠けています。顧客が欲しいのは、「結果」です。どういう点がいいのか、いくら削減できるのか、という形で数字に置き換えて考え、提案していく力が求められます。

「〇〇の商品を〇個買うと、いくらになるの？」と、ふと聞かれたときに即答できるといいですね。

また、スムーズな商品の提案のために、

「今おすすめしている5800円の商品を100個ご購入いただくと、58万円になりますが、ワンランク下げたこちらの商品ですと、3900円が120個必要になり、だいたい47万円になります。11万円変わってくるので、月に1万円弱でしょうか。ワンランク下げると、〇〇の機能が無くなるので、その機能と月に1万円節約できるかどうか、が天秤にかかっている形ですね」

など、**具体的な数字を示して提案すると、結果をきちんと気にしているというアピールにつながるので、信用度も変わってきます。**

もちろん、電卓で計算してもいいのですが、口頭でざっくりとした見積もりを出せる力も必要です。大体の金額を把握しておかないと、電卓等で計算した結果が間違っていたときに間違いに気づけません。

そして、他に気をつけなければいけないのは、販売をするときに深く考えずに必要以上に割引をしてしまうことです。

割引きをすると、利益率や利益額がいくら減るのか。2割引きをしてしまうと、2倍の量を売らないと利益額が同じにならない場合などもありえてしまいます。「他の人に比べて売上を上げている！」と思っても、会社に利益が残らなければ意味がありません。

事務職のための データセンス

事務職といっても、仕事内容は幅広く、電話・メール応対、書類作成や伝票処理、ファイリングなど様々なデスクワークがあります。いずれにせよ、たくさんの「データ」を扱うことになります。人事・労務データや経理データの管理など、データをまとめる能力が求められます。それらのデータの平均を求めたり、ときにグラフを作成したり、プレゼンテーション資料などを作成することもあります。幅広く数字を管理する能力が求められるでしょう。

例えば、

「資料をまとめておいてほしい」

と言われたとき、どんな視点でまとめたらいいのか。グラフを作成するときにも、そもそも「何を主張したいのか？」という根本を決めなければ作れません。意味があるグラフを作るためには、何を主張したいかという意図が必要なのです。

さらに、「インパクトのあるデータの見せ方」にも気を配らなければいけません。例えば、A部署の利益率が20%、B部署の利益率が40%のとき、2つの部署を合わせたら30%の利益率になるわけではありません（加重平均の考え方が必要になります）。**データの扱いの基本を理解している必要があります。**

「大変なのです」とか、「すごいのです」という言葉だけでなく、心を動かすためには、データをうまくまとめる力、魅せる力を含めて、データセンスの総合的な力が必要とされます。

管理・マネジメント職のためのデータセンス

管理職は日々多様な仕事に追われます。プロジェクトの遂行管理、メンバーのモチベーション保持、人間関係の調整なども仕事に入ってきます。その中でも重要なのが、**様々なデータを総合的に判断して、目標に対しての行動へとつなげていく仕事です。**よって、大量のデータに囲まれて過ごしていることでしょう。

月次・週次・日次の売上データだけでなく、財務データ、人事データなど、社内の分析について各部署で上がったデータを確認していかなければなりません。

その中でも大切なのは、データそのものが出てきた背景、その定義や意味についてとらえていくこと。また、たくさんのデータの中から、その「変化」を敏感にとらえる力です。その変化がたまたま起きたものなのか、何か異変が起きているから変化したのかを、瞬時に判断しなければいけません。例えば、少しだけ売上が下がったとき、それは偶然でしょうか、それとも必然でしょうか。その数字がどういう構成要素からできていて、どんなテコ入れを行なったらいいのか、データが導き出した結論を行動へと変えていくための力が求められます。当然、自社のビジネスモデルについて、その強み・弱みを理解していることが前提です。

そして、そのプロジェクトやマネジメントがうまくいっているかどうかは、定量的に判断しましょう。「今はこの数字が5だから、うまくいっていると考えられる」等、定量的な視点が、冷静な判断につながります。

MEMO

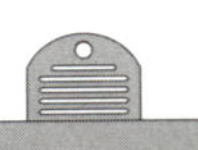

第I部 まとめ

1 データセンスとは データ（数字や情報）に対する感覚・感性のこと。ビジネスの場面や様々なシーンで役立つことを主眼に置いている。

2 データセンスがあると毎日がこう変わる！ ビジネスシーンの会話の中で「数字」が聞き取れるようになり、一瞬で計算し、ざっくりとした金額を提示できる。また、その金額を比較した上で評価するなど、数字に対する新しい感覚が身につき、日々が豊かになる。

3 いまなぜ、データセンスが必要か 誰しも「お金」というデータのみならず、様々なデータと日々触れあっている。電卓や Excel など便利なツールはあるが、その答えが本当に合っているか、それに対してどう判断するかは「人」にゆだねられている。そして、この社会には“わかりやすさ”だけを追求したシンプルな表現の広告や宣伝があふれ、その曖昧さを理解するために、データセンスを多くの人が身につける必要がある。

4 データセンスはどんな人に必要か 現代の中学2年生の５人中３人以上が数学に苦手意識をもっている。多くの大人もまた同様である。そのような人にこそデータセンスを学んでほしい。データセンスを学べば、「数字」に対しての意識が変化し、会話や会議、事務作業や分析の場面などで効果を発揮することができる。

5 データセンスの身につけ方 マニュアルに則（のっと）って演習すれば身につくようなものではなく、「数」や「式」の意味を理解しながら試行錯誤を積み重ねていく中で、自分で“考える”からこそスキルとなる。だからこそ、「わかる」だけでなく、「できる」ようになり、それを習慣化していくことが大切。

6 データセンス基本テスト その点数があなたの今のデータセンスの「ポテンシャル」。一喜一憂することなく、ここから演習していこう。

7 データセンスの内容は？ 「守・破・離」の流れで構成されており、「守」がまずは大切。本書で演習を積み重ねていこう。

data sense

「データセンス」を磨く演習

data sense

日常の中でデータセンスを身につける

日常の中で様々な場面で
データセンスの訓練ができる場所・場面があります。
ふとした場面で出会う「数字」の数々。
遭遇する各場面を思い起こしながら演習問題を
行なっていきましょう。

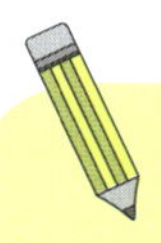

お釣りの計算

スーパーやコンビニで、毎日のように買い物をする人も多いでしょう。レジでお金を支払うとき、お釣りの額がパッと分かれば便利ですね。

例 1000 − 857 円＝???

各桁で「9」をつくる。最後だけ「10」

解決策

各桁で9をつくることを意識してみましょう。

例えば、

8に何を足したら9になるか。それは1です。

5に何を足したら9になるか。それは4です。

こんな感じで「857」の3つの桁それぞれの下に、足して9になる数を置きます。

857

142

これを足してあげると、「999」 になります。そして、最後だけ「10」になるように数を出してあげると、143になり、合わせると、ちょうど「1000」になります。だから答えは、「143

円」です。

$$
\begin{array}{r}
1000 \\
-\quad 857 \\
\hline
143
\end{array}
$$

9をつくる　9をつくる　10をつくる

お釣りの計算　演習

買い物をする際にちょうど100円、1000円、10000円を出したときのお釣りを計算しましょう。100－9は、9を「09」と考えると、答えやすくなります。

1　次の計算をしましょう。

(1)　1000－547

(2)　1000－509

(3)　100－44

(4)　1000－979

(5)　10000－2260

(6)　100－13

(7)　10000－6480

(8)　100－70

(9)　10000－653

(10)　100－91

2 次の計算をしましょう。

(1)　100－24

(2)　10000－4489

(3)　1000－630

(4)　10000－8543

(5)　1000－726

(6)　100－79

(7)　100－87

(8)　100－25

(9)　1000－82

(10)　10000－9352

1 の答え	(1)453	(2)491	(3)56	(4)21	(5)7740
	(6)87	(7)3520	(8)30	(9)9347	(10)9
2 の答え	(1)76	(2)5511	(3)370	(4)1457	(5)274
	(6)21	(7)13	(8)75	(9)918	(10)648

MEMO

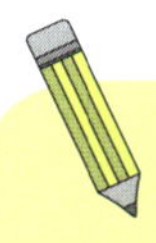

日数計算

日程の考え方です。例えば、「課題提出期間は、12日〜15日まで」となっていたとき、何日間チャンスがあるでしょうか。手で数えればいい？ もちろん、そうです。では、2日〜15日となってしまったときもあなたは手で数えますか？

例 **「大会開催日程は、9日〜15日」何日間開催？**

○日間は、引いて1を足す

解決策

15 − 9 で、6 日間？ 実は違います。15 − 9 をすると、9 日の何日後が 15 日になるかの日数が出てきます。これでは 1 日足りません。

9日〜15日

15−9＝6…… これは……

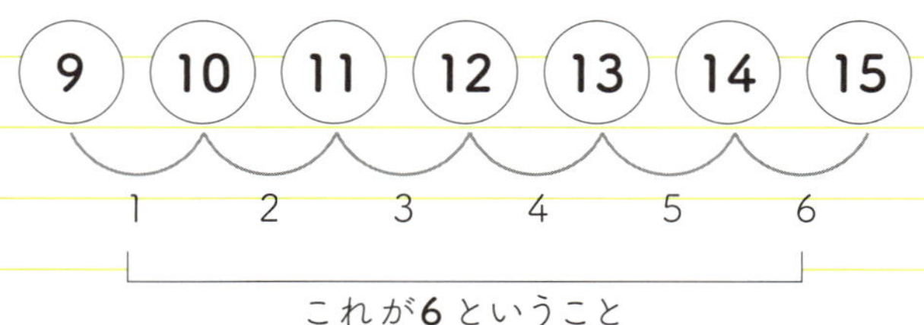

「9日の何日後が15日になるか」は

→6日後でOK

○日間は、

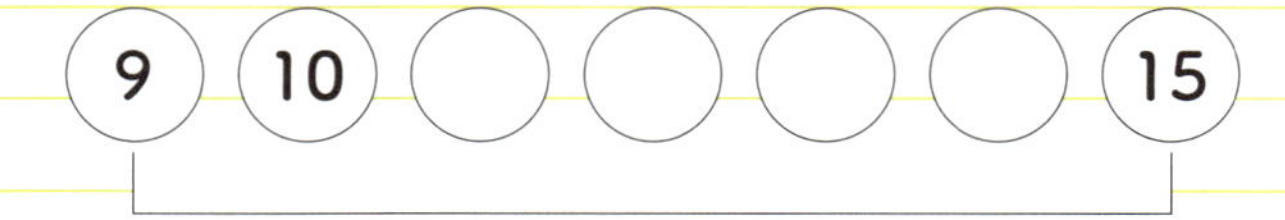

今は、この○の数そのものを求めているので、

さきほど出した数に「＋1」をするとうまくいく。

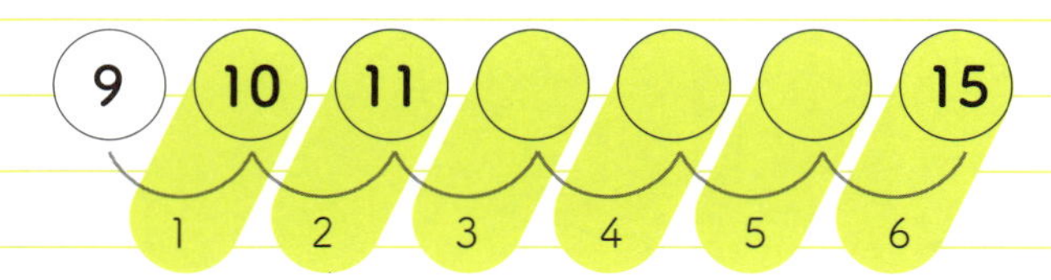

9日を数えていないので「＋1」をする。

よって15 － 9 ＋ 1 ＝ 7

日数計算　演習

例えば3月3日から3月8日までイベントが開催されたとしたら、そのイベントの開催期間は

3、4、5、6、7、8の6日間になります。8－3＝5で5日間とはならないので注意しましょう。

1 次の計算をしましょう。

(1) 9月2日～9月9日は何日間か？

(2) 7月9日～7月28日は何日間か？

(3) 8月17日～8月23日は何日間か？

(4) 9月1日～9月11日は何日間か？

(5) 6月12日～6月27日は何日間か？

(6) 初日が11月12日、開催期間が9日間のイベントの最終日は何月何日か？

(7) 初日が7月12日、開催期間が5日間のイベントの最終日は何月何日か？

(8) 初日が7月19日、開催期間が11日間のイベントの最終日は何月何日か？

(9) 初日が7月6日、開催期間が11日間のイベントの最終日は何月何日か？

(10) 初日が12月6日、開催期間が8日間のイベントの最終日は何月何日か？

2 次の計算をしましょう。

（1）　12月17日～12月30日は何日間か？

（2）　1月2日～1月7日は何日間か？

（3）　2月19日～2月23日は何日間か？

（4）　12月18日～12月31日は何日間か？

（5）　7月6日～7月14日は何日間か？

（6）　初日が10月19日、開催期間が8日間のイベントの最終日は何月何日か？

（7）　初日が4月4日、開催期間が20日間のイベントの最終日は何月何日か？

（8）　初日が9月15日、開催期間が5日間のイベントの最終日は何月何日か？

（9）　初日が1月6日、開催期間が21日間のイベントの最終日は何月何日か？

（10）初日が9月12日、開催期間が17日間のイベントの最終日は何月何日か？

1 の答え　(1)8日間　(2)20日間　(3)7日間　(4)11日間　(5)16日間　(6)11月20日　(7)7月16日　(8)7月29日　(9)7月16日　(10)12月13日

2 の答え　(1)14日間　(2)6日間　(3)5日間　(4)14日間　(5)9日間　(6)10月26日　(7)4月23日　(8)9月19日　(9)1月26日　(10)9月28日

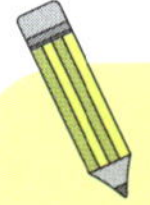

月をまたいだ日数計算

期間を考えるとき、当然ですが、月をまたぐこともあります。つまりこんな計算です。

例 3月28日～4月8日。何日間？

2つに分解して計算

解決策

まずは、各月の日付が何日まであるか、覚えておきましょう。コツはいくつかあります。ここでは拳を握ったときの第2関節で数えてみます。

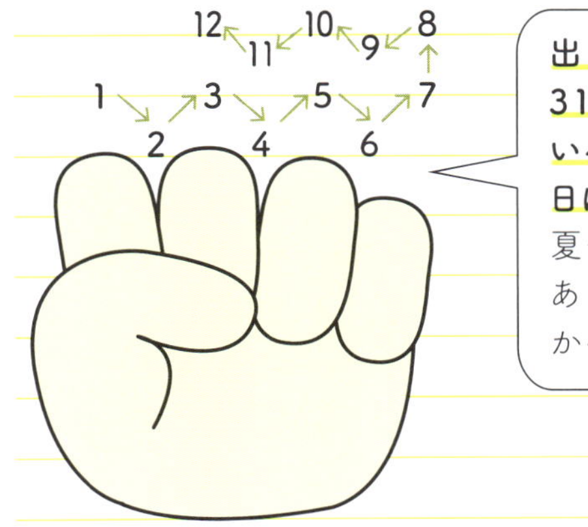

出っ張っているところは31日まである。へこんでいるところは30、28or29日になっている。7、8月は夏休みなので31日まであると覚えておくといいかも!!

年始と年末の1月と12月は31日まであると覚えておきましょう。そして、数えていく関節の折返し地点にある7月と8月は31日まであります。他は基本交互に30日までの月と31日までの月があります。

その中でも2月はうるう年も入ってくるので要注意です。

改めて確認です。

1月………31日	2月………28日（うるう年は29日）
3月………31日	4月………30日
5月………31日	6月………30日
7月………31日	8月………31日
9月………30日	10月………31日
11月………30日	12月………31日

ここまで覚えたらあとは3月28日～4月8日を2つに分解して、3月28日～3月31日（4日間）、4月1日～8日（8日間）なので、合わせて12日間になります。後半は日付＝日数なので、慣れればすぐに算出することができます。

月をまたいだ日数計算　演習

月の日数と、先ほどの「日数計算」の2つを考えなければいけないので、大変なように感じますが、じっくり向き合いましょう。例えば10月1日～3日は何日間かといえば、先ほどの式を使えば3－1＋1＝3となり、3日間となります。

1 期間を求めましょう。

(1)　9月25日～10月9日は何日間か?

(2)　7月29日～8月28日は何日間か?

(3)　8月17日～9月13日は何日間か?

(4)　3月15日～4月1日は何日間か?

(5)　6月28日～7月7日は何日間か?

(6)　10月21日～11月8日は何日間か?

(7)　11月23日～12月27日は何日間か?

(8)　1月7日～2月28日は何日間か?

(9)　2月15日～3月15日は何日間か?
（うるう年のとき）

(10)　12月29日～翌年1月7日は何日間か?

2 期間を求めましょう。

(1)　9月2日～10月9日は何日間か?

(2)　4月29日～5月5日は何日間か?

(3)　3月17日～4月23日は何日間か?

(4)　5月25日～6月11日は何日間か?

(5)　7月22日～8月31日は何日間か?

(6)　10月1日～12月31日は何日間か？

(7)　6月13日～8月27日は何日間か？

(8)　1月1日～3月31日は何日間か？
（うるう年のとき）

(9)　12月23日～翌年1月10日は何日間か？

(10)　2月10日～3月15日は何日間か？
（うるう年ではないとき）

1 の答え (1)15日間 (2)31日間 (3)28日間 (4)18日間 (5)10日間
(6)19日間 (7)35日間 (8)53日間 (9)30日間 (10)10日間

2 の答え (1)38日間 (2)7日間 (3)38日間 (4)18日間 (5)41日間
(6)92日間 (7)76日間 (8)91日間 (9)19日間 (10)34日間

「第４金曜日は何日？」実際にあったトラブル

弊社では、毎月さまざまなセミナーを開催しています。その中でも、毎月１回ずつ開催されるセミナーもあり、第３金曜日や第４土曜日など、きちんと決めて設定しておりました。しかしある時、その日付を見ていて何か違和感が。毎月第４金曜日に設定したはずのセミナーの日程が、どうやらおかしいことに気づきました。

第1回　4月20日（金）
第2回　5月25日（金）
第3回　6月22日（金）
第4回　7月20日（金）
第5回　8月24日（金）

この中で、おかしい月はどれでしょうか。こういったところの間違いに気づけるのも一つの能力です。

セミナーは第4金曜日に設定していたのですが、実は、第4金曜日になりうるのは、「22日～28日」の日付のみです。第4金曜日の日付を7で割ったときに、答えが3であまりが1～6となる、または、答えが4でちょうど割り切れます。22日～28日から外れている日付はその時点で第4金曜日ではありえません。つまり、「第1回と第4回は第4金曜ではない」という予想が立てられます。ちなみに第3金曜日になりうるのは、「15日～21日」の日付のみです。さて、ここまでくると第1金曜日になりうるのは何日～何日の日付でしょうか。そして、そこから順番に第2金曜日、第3金曜日について考えてみると必然的に第4金曜日の日付についても考えることができます。ぜひ考えてみてください。

2018年6月

Sun	Mon	Tue	Wed	Thu	Fri	Sat
					1	2
3	4	5	6	7	8	9
10	11	12	13	14	15	16
17	18	19	20	21	22	23
24	25	26	27	28	29	30

data sense

計算力の基本を身につける

九九の一覧表

	1	2	3	4	5	6	7	8	9
1	1	2	3	4	5	6	7	8	9
2	2	4	6	8	10	12	14	16	18
3	3	6	9	12	15	18	21	24	27
4	4	8	12	16	20	24	28	32	36
5	5	10	15	20	25	30	35	40	45
6	6	12	18	24	30	36	42	48	54
7	7	14	21	28	35	42	49	56	63
8	8	16	24	32	40	48	56	64	72
9	9	18	27	36	45	54	63	72	81

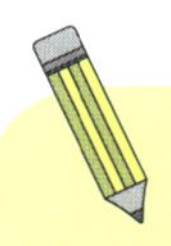

四則逆算

簡単な計算を、直感的にこなしていく力をつけましょう。

例 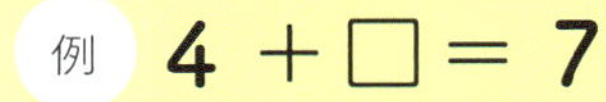

式を言葉にして答えを出す

解決策

これまで方程式は、式変形をして計算をしてきました。式変形は複雑な方程式を簡単にすることができ、答えを導き出すのにとても大切なことです。しかし、紙と鉛筆が必要です。式変形なしで答えを出すには、式そのもののもつ意味を体感していくことが大切です。意味を体感するためには言葉にすることです。

4 ＋□＝ 7

であれば「4 に何を足したら 7 になるのか」ということです。これは、明らかに「3」ですね。

他にも、

4 ×□＝ 8　であれば、「4 に何を掛けたら 8 になるのか」

20 ÷□＝ 2　であれば、「20 が 2 になるためには何で割ったらいいのか」

少し数が大きくて答えがパッと思いつかなければ適当に数を放り込んでみてください。数を入れて計算するとどんな数になりますか？ ぜひ試していきながら数の特性を体感していきましょう。

36 ÷ □ ＝ 9　のとき、式変形ができれば

36 ＝ 9 × □　と考えます

しかし、適当に「数を放り込む」という方法も重要!!

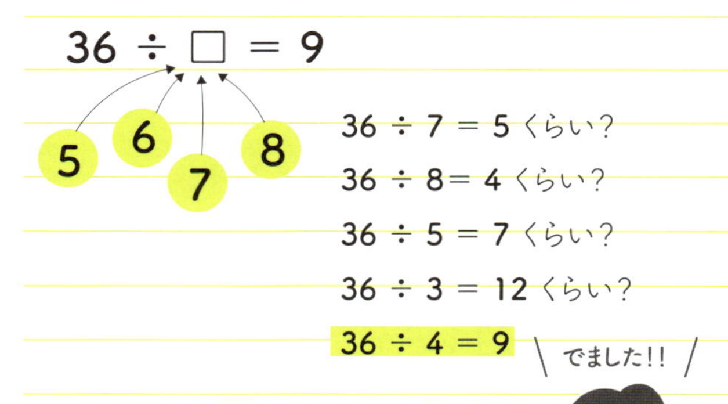

四則逆算 演習

思わず式変形をして解いてしまいそうですが、前頁のようにまずは式を言葉にしてみましょう。「6を掛けて54になるのは何か」など、意味が伝われば、まずはどんな言葉でもOK。そこから適当に数を放り込んで答えを出していきます。

1 次の□に入る数を求めましょう。

(1) □ × 6 = 54

(2) 3 + □ = 10

(3) 3 + □ = 12

(4) □ − 4 = 4

(5) □ + 3 = 7

(6) □ ÷ 1 = 8

(7) □ × 5 = 10

(8) □ ÷ 1 = 3

(9) 7 + □ = 16

(10) 3 + □ = 8

2 次の□に入る数を求めましょう。

(1)　42 ÷ □ = 7

(2)　□ ÷ 3 = 8

(3)　□ ÷ 4 = 3

(4)　8 − □ = 7

(5)　7 + □ = 15

(6)　12 − □ = 5

(7)　□ + 2 = 9

(8)　□ + 7 = 9

(9)　□ − 3 = 5

(10)　□ × 3 = 9

1 の答え	(1)9	(2)7	(3)9	(4)8	(5)4
	(6)8	(7)2	(8)3	(9)9	(10)5
2 の答え	(1)6	(2)24	(3)12	(4)1	(5)8
	(6)7	(7)7	(8)2	(9)8	(10)3

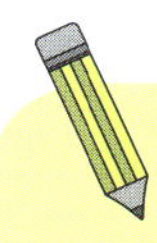

計算の順番

計算の基本について、押さえておきましょう。

例 $6 \div 2 \times (1 + 2)$

左から、カッコが一番先、次に掛け算、最後に足し算

解決策

計算には順番があります。基本的に左から順番に数を見ていくのですが、まずはカッコの中の数式を一番先に計算します。そして、次に掛け算・割り算です。最後に足し算と引き算を計算していきます。すると以下のようになります。

$$
\begin{aligned}
& 6 \div 2 \times (1 + 2) \\
= & 6 \div 2 \times 3 \\
= & 3 \times 3 = 9
\end{aligned}
$$

カッコを先に計算！

Chapter 2 計算力の基本を身につける

計算の順番 演習

計算式の中では「括弧()」⇒「×、÷の演算」⇒「+、−の演算」の順で計算が優先されます。また同じ優先順位の演算であれば左の演算から順番に計算します。

1 次の計算をしましょう。

(1) $3 - (7 - 1)$

(2) $2 + 6 \times 8$

(3) $7 \times (4 + 9)$

(4) $9 - 1 - 9$

(5) $2 - (1 - 9)$

(6) $9 - (7 + 8)$

(7) $7 \times (4 - 1)$

(8) $6 - (9 - 8)$

(9) $3 + 5 \times 4$

(10) $7 - 1 + 7$

2 次の計算をしましょう。

(1) $3 \times (8 + 8)$

(2) $9 \times (5 + 8)$

(3) $7 \times 8 + 3$

(4) $4 \times (1 + 9)$

(5) $3 + 7 \times 3$

(6) $(8 - 9) - 8$

(7) $3 \times (9 + 9)$

(8) $1 - (5 - 8)$

(9) $2 + 7 \times 2$

(10) $(4 + 2) \times 9$

1 の答え (1)－3 (2)50 (3)91 (4)－1 (5)10
(6)－6 (7)21 (8)5 (9)23 (10)13

2 の答え (1)48 (2)117 (3)59 (4)40 (5)24
(6)－9 (7)54 (8)4 (9)16 (10)54

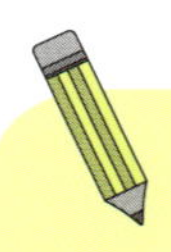

余りのある割り算

計算の苦手な方にこそやってほしい計算があります。

例 $38 \div 7 = 5 \cdots 3$

解けるだけでは不十分、解くスピードを意識する

解決策

「百ます計算」をご存知でしょうか。小学生向けの計算練習ドリルとして根強い人気がありますが、大人にも非常に有効です。

数字が苦手な方にとってみれば、まず数字は見たくもない存在。そんな存在に、少しでも近づくという目的で、まずは無意識で計算する習慣付けをするための第一歩が、百ます計算です。

「数字」に慣れ親しむにあたっては、とにかく数字に触れること、とにかく計算することが大事です。数字を見たら計算をし、それがより速くできる、というのは非常に重要なことです。ふとした会話の中での計算は、時間をじっくりかけて解けるというのでは不十分、解くスピードが必須条件になります。特に、割り算と引き算が組み合わさった、「余りのある割り算」を練習するとよいと思います。大体、25、26問を1分程度でできるようになると、「計算が速い」という印象です。もちろん、慣れない人は、基本的な足し算、引き算、掛け算の百ます計算から始めることをおすすめします。

特別難しくはない、誰もが時間をかければできる問題です。しかし、スピードが重要です。これも、できれば毎日継続するといいでしょう。1日たった1～2分程度の計算です。2週間も続ければ自分でも驚くほどスピードが速くなっていることに気づくでしょう。

余りのある割り算 演習

余りのある割り算の練習をしましょう。

1 次の割り算をしましょう。
(余りを使って答えてください)

(1) 39 ÷ 7　　(2) 43 ÷ 8

(3) 28 ÷ 5　　(4) 87 ÷ 9

(5) 36 ÷ 5　　(6) 83 ÷ 8

(7) 12 ÷ 7　　(8) 65 ÷ 2

(9)　46 ÷ 9　　(10)　14 ÷ 9

(11)　55 ÷ 3　　(12)　31 ÷ 6

(13)　10 ÷ 8　　(14)　91 ÷ 3

(15)　78 ÷ 7　　(16)　35 ÷ 4

(17)　81 ÷ 5　　(18)　17 ÷ 8

(19)　41 ÷ 8　　(20)　60 ÷ 7

(21)　29 ÷ 7　　(22)　22 ÷ 8

(23)　19 ÷ 2　　(24)　41 ÷ 7

(25)　34 ÷ 4　　(26)　62 ÷ 3

2　次の割り算をしましょう。
（余りを使って答えてください）

(1)　40 ÷ 6　　(2)　26 ÷ 9

(3)　41 ÷ 2　　(4)　94 ÷ 3

(5)　29 ÷ 9　　(6)　21 ÷ 8

(7)　75 ÷ 6　　(8)　60 ÷ 9

(9)　82 ÷ 9　　(10)　30 ÷ 9

(11)　25 ÷ 8　　(12)　88 ÷ 3

(13) 50 ÷ 8　　(14) 85 ÷ 4

(15) 46 ÷ 7　　(16) 58 ÷ 9

(17) 78 ÷ 9　　(18) 50 ÷ 6

(19) 81 ÷ 4　　(20) 38 ÷ 5

(21) 69 ÷ 9　　(22) 89 ÷ 2

(23) 63 ÷ 5　　(24) 80 ÷ 3

(25) 16 ÷ 6　　(26) 56 ÷ 9

1 の答え

(1)5…4　(2)5…3　(3)5…3　(4)9…6　(5)7…1
(6)10…3　(7)1…5　(8)32…1　(9)5…1　(10)1…5
(11)18…1　(12)5…1　(13)1…2　(14)30…1　(15)11…1
(16)8…3　(17)16…1　(18)2…1　(19)5…1　(20)8…4
(21)4…1　(22)2…6　(23)9…1　(24)5…6　(25)8…2
(26)20…2

2 の答え

(1)6…4　(2)2…8　(3)20…1　(4)31…1　(5)3…2
(6)2…5　(7)12…3　(8)6…6　(9)9…1　(10)3…3
(11)3…1　(12)29…1　(13)6…2　(14)21…1　(15)6…4
(16)6…4　(17)8…6　(18)8…2　(19)20…1　(20)7…3
(21)7…6　(22)44…1　(23)12…3　(24)26…2　(25)2…4
(26)6…2

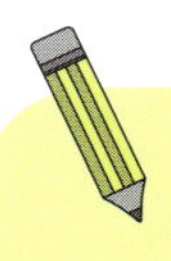

2桁×1桁の計算

これだけはやっておいて欲しいものの一つとして、2桁×1桁の計算があります。

暗算でできるまで、筆算で計算を練習する

解決策

最終的には、計算を紙に書かず、暗算で行なってください。もちろん慣れないうちは「筆算」でやってみましょう。まずは自分なりのやり方、ペースで2桁×1桁を計算してみてください。慣れてきたらメモにするなど書く情報量を少しずつ少なくしていきましょう。そのあとぜひ暗算に挑戦してみてください。暗算もできるようになったら、より速く計算する練習をしましょう。

```
   27
×   8
-----
   56
  16
-----
  216
```

この部分を頭の中だけで計算しよう！ポイントは2つの掛け算の結果を1つずつずらして足し算すること！

２桁×１桁の計算は、データセンスのベースになっています。だから暗算で行なえるようになることが最終的には必要です。この計算が速く行なえれば、世の中のあらゆる計算が圧倒的に速くなります。

１桁×２桁の計算も、計算の順序を逆にすれば２桁×１桁に。慣れてきたら１桁×２桁のまま頭の中で計算できるように練習しましょう。

2桁×1桁の計算　演習

2桁×1桁の掛け算は概算の基本となるため、正確に、速く計算できるように練習しましょう。

1 次の計算をしましょう。

(1)　5 × 78

(2)　2 × 50

(3)　5 × 35

(4)　9 × 25

(5)　72 × 6

(6)　8 × 51

(7)　6 × 49

(8)　75 × 5

(9)　89 × 4

(10)　7 × 32

2 次の計算をしましょう。

(1)　6 × 28

(2)　9 × 54

(3)　2 × 67

(4)　76 × 8

(5)　7 × 44

(6)　41 × 4

(7)　6 × 83

(8)　88 × 3

(9)　4 × 89

(10)　8 × 96

1 の答え　(1)390　(2)100　(3)175　(4)225　(5)432
(6)408　(7)294　(8)375　(9)356　(10)224

2 の答え　(1)168　(2)486　(3)134　(4)608　(5)308
(6)164　(7)498　(8)264　(9)356　(10)768

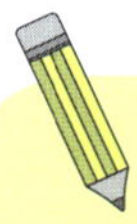

小数の掛け算（0.1倍）

0.1倍の計算を練習することで桁の計算に強くなりましょう。

例 28万の10％は？

10％ ⇒ 0.1、1％ ⇒ 0.01、0.1％ ⇒ 0.001掛ける

解決策

小数の掛け算を解く上でまず確実に覚えておきたいのは、0.1、0.01、0.001の掛け算です。

％で表すと、それぞれ10％、1％、0.1％と同じになります。つまり、それらの掛け算は、**ある量の10％分、1％分、0.1％分を求めるということです。**

そして、それぞれ「**1桁ずれる**」「**2桁ずれる**」「**3桁ずれる**」という操作になります。

例えば、

28万×0.1＝2.8万

となります。0.1を掛けると、小数点が1個ずれます。28万

の10%分はどのくらい？ という問いの答えと一緒です。また、

28万×0.01＝0.28万＝2800

0.01を掛けると、小数点が2個ずれます。28万の1%は？と一緒です。同じく0.001を掛けると、小数点が3個分ずれます。これを覚えておくと計算が非常に楽です。

小数の掛け算（0.1倍）**演習**

0.1＝10%といった小数とパーセントの変換がすぐにできるように意識してみましょう。

1 小数の掛け算の練習をしましょう。

(1) 7 × 1%

(2) 35 × 0.01

(3) 0.01 × 170

(4) 0.1 × 0.7

(5) 0.87 × 10%

(6) 2700 × 0.1%

(7) 83 × 1%

(8) 0.1 × 310

(9)　11000×0.01

(10)　$56 \times 10\%$

2 小数の掛け算の練習をしましょう。

(1)　0.1×97

(2)　0.01×7.5

(3)　$85 \times 1\%$

(4)　1600×0.1

(5)　710×0.01

(6)　$8200 \times 10\%$

(7)　$2.6 \times 0.1\%$

(8)　72×0.1

(9)　$0.6 \times 1\%$

(10)　$8000 \times 0.1\%$

1 の答え	(1)0.07	(2)0.35	(3)1.7	(4)0.07	(5)0.087
	(6)2.7	(7)0.83	(8)31	(9)110	(10)5.6
2 の答え	(1)9.7	(2)0.075	(3)0.85	(4)160	(5)7.1
	(6)820	(7)0.0026	(8)7.2	(9)0.006	(10)8

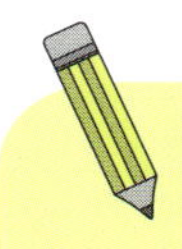

小数の掛け算

小数の混じった計算は「意味」を意識することで、小数点の移動の個数を数える必要がなくなります。

例　1.9 × 0.03

ざっくり一度計算して答えを出してから、近づける

解決策

どのように計算しましょうか。

まず小数を整数に直して 19 × 3 を計算してから、「小数点を移動させた数の合計分だけ小数点を移動させる」ということを小学校で学んだのを覚えていますでしょうか。

1.9 × 0.03

小数点の移動は合計3個分!!
しかし、口頭の会話だと数えられない……

こんな風に解きました。しかし、小数が多い計算は、どのくらいの大きさかよくわからなくなる、というデメリットがあります。**紙の上だったら小数点を移動させやすいのですが、頭の中だと混乱してしまうのです。**

だからこそ、計算するにはコツがあります。それは、数字をざっくりでとらえて、意味で考えるということです。例えば、**1.9 ≒ 2 と考えてしまうのです**。すると、0.03 の約 2 倍というのが答えになります。つまり、答えは「0.06 くらい」になる、と覚えておけば小数点をいくつ移動したか数える必要はありません。

実際にやってみると、

19 × 3 ＝ 57

という数を出してから、桁を合わせます。0.06 くらいが答えになるので、0.057 になる、とすれば、暗算できるようになります。

「こんないい加減な方法で本当にいいの？」と思う方もいるかもしれませんが、逆です。小数点の操作のほうが実は危うく、意味でとらえたほうがずっと間違えにくいのです。間違えない人は「意味」で計算を考えています。

1.9 × 0.03 → 「0.03が約2個ある」と解釈する

①**19 × 3 ＝ 57** と計算
②**0.06** にケタを近づけて **0.057** にする

小数の掛け算 演習

例えば、0.05×0.9であれば「0.05を少し小さくする」と解釈すると0.045であると即答できます。「×0.4」なら「半分くらいにする」という意味です。計算の解釈を意識しましょう。

1 小数の掛け算の練習をしましょう。

(1) 0.1 × 0.86

(2) 0.062 × 0.8

(3) 0.81 × 0.5

(4) 8.1 × 0.03

(5) 0.98 × 0.8

(6) 0.19 × 0.6

(7) 0.092 × 0.4

(8) 2.9 × 0.03

(9) 0.03 × 2.7

(10) 0.059 × 0.4

2 小数の掛け算の練習をしましょう。

(1) 0.1×0.06

(2) 0.9×0.032

(3) 0.52×0.6

(4) 0.1×0.094

(5) 0.54×0.1

(6) 7.5×0.04

(7) 0.9×0.044

(8) 0.4×0.03

(9) 0.09×5.3

(10) 0.03×4.6

1 の答え (1)0.086 (2)0.0496 (3)0.405 (4)0.243 (5)0.784
(6)0.114 (7)0.0368 (8)0.087 (9)0.081 (10)0.0236

2 の答え (1)0.006 (2)0.0288 (3)0.312 (4)0.0094 (5)0.054
(6)0.3 (7)0.0396 (8)0.012 (9)0.477 (10)0.138

「電卓」と「スマホの電卓」では出る答えが違う?

2種類の電卓を用意してみてください。スマホアプリの電卓と、卓上の電卓です。そして、

「3 + 3 × 3」

を計算してみてください。どんな答えになるでしょうか。

すると、「12」と「18」という、2種類の答えが出てきます。なぜ同じ計算で2つの違う答えが出るのでしょうか。どちらが正しいのでしょうか。

実は、「12」が正しい答えになります。「スマホアプリ」で計算すると、「12」になります。ところが、卓上の電卓で計算すると、「18」という答えが出てきます（12という答えになる卓上の電卓もあります）。実に不思議なことではないでしょうか。

さて、そのからくりを説明しましょう。

それは、掛け算のほうを先に計算するか、左から順に計算するか、の違いです。

卓上の電卓は入力した順に計算します。したがって、「(3 + 3) × 3」なのです。それに対して**スマホのアプリはなんと、掛け算から計算をします**。なので、わかりやすくカッコを付けて書けば、「3 + (3 × 3)」という計算をするのです。テクノロジーの進化を感じますね。

スマホアプリに負けず、読者の皆さんもぜひこの計算の順番の基本規則をマスターしてください。

もう一つ、スマホのアプリの優秀さを示す計算をご紹介し

ます。

「1 ÷ 3 × 3」

を入力してみましょう。1を3で割って3で掛けるわけですから当然1になりそうですが、卓上の電卓では、0.999…となってしまいます。ところがスマホのアプリでは…。ぜひこの続きはご自身でお試しを。

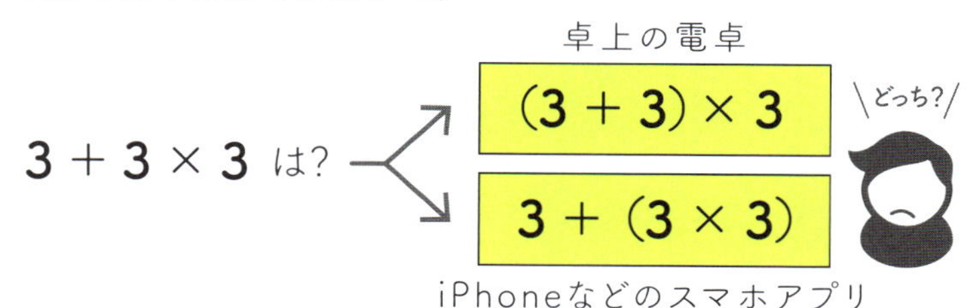

MEMO

data sense

工夫して計算する

難しく見える計算もちょっとした工夫で
あっという間に暗算できます。
その手法をいくつか学んでいきましょう。

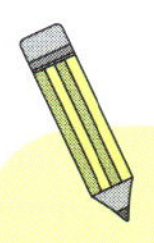

足し算（きりのよい数をつくる）

工夫して計算することを覚えていきましょう。

例 **273 ＋ 99**

きりのよい数を足してから、引く

解決策

99のように、もう少しで100などのきりのよい数になる場合は、きりのよい数で処理してしまい、そのあと調整をしていくといいでしょう。

つまり、

$$273 + 99 = 273 + 100 - 1 = 373 - 1 = 372$$

とすると、より計算しやすくなります。

こういった「工夫」も、これからの計算の基礎になる考え方の一つです。数をパッと見たときにその特性がすぐにわかるからこそ、工夫できるのです。

足し算（きりのよい数をつくる）演習

足し算の計算を速くするためには、うまく10、100、1000などのきりのよい数字をつくることが大事です。例えば496＋256であれば、500＋256－4とすることで計算を速くすることができます。

1 工夫して次の計算をしましょう。

(1) 876 ＋ 96

(2) 640 ＋ 197

(3) 926 ＋ 99

(4) 929 ＋ 598

(5) 137 ＋ 99 ＋ 499

(6) 397 ＋ 863

(7) 541 ＋ 199 ＋ 97

(8) 96 ＋ 730

(9) 499 ＋ 124

(10) 398 ＋ 32 ＋ 398

2 工夫して次の計算をしましょう。

(1) 999 + 239

(2) 697 + 257

(3) 737 + 898

(4) 97 + 472 + 99

(5) 198 + 75

(6) 560 + 398

(7) 98 + 348 + 98

(8) 357 + 398 + 298

(9) 97 + 162 + 98

(10) 296 + 945

1 の答え (1)972 (2)837 (3)1025 (4)1527 (5)735
(6)1260 (7)837 (8)826 (9)623 (10)828

2 の答え (1)1238 (2)954 (3)1635 (4)668 (5)273
(6)958 (7)544 (8)1053 (9)357 (10)1241

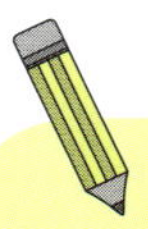

下一桁が1や9の掛け算

掛け算も工夫することで計算を簡単にすることができます。

例 61 × 17

掛け算を言葉にすると、見えてくる

解決策

パッと見るかぎり、難しそうです。いつもならば、筆算で解いていくところです。しかし、61の下一桁が「1」なので、うまく分解すると、より簡単に計算することができます。

61 × 17 = 60 × 17 + 1 × 17　と分解できますので、答えは、1037となります。

言葉で解釈すれば、17が61個あるということなので、60個数えてから、あとで1個付け足すという計算でできるということです。

この計算ができるようになると、例えば、

59 × 17

も、17の60個分から、1個分を引けば求まります。

同じく999 × 17も、17が1000個から、17を1個引けば、17が999個分の値は求まることでしょう。ちょっと一手間加えることで、ものすごく難しそうに見える計算も、一気に難易度が下がります。

下一桁が1や9の掛け算　演習

例えば19×11は「19が11個ある」としても「11が19個ある」と解釈してもOK。試しながら計算してみましょう。

1 次の計算をしましょう。

(1) 21 × 22

(2) 32 × 31

(3) 52 × 91

(4) 99 × 13

(5) 49 × 12

(6) 999 × 31

(7) 58 × 31

(8) 50 × 99

(9)　36 × 101

(10)　1002 × 71

2 次の計算をしましょう。

(1)　59 × 64

(2)　81 × 99

(3)　68 × 59

(4)　72 × 1001

(5)　19 × 67

(6)　78 × 59

(7)　19 × 11

(8)　21 × 99

(9)　79 × 1001

(10)　97 × 101

1 の答え　(1)462　(2)992　(3)4732　(4)1287　(5)588　(6)30969　(7)1798　(8)4950　(9)3636　(10)71142

2 の答え　(1)3776　(2)8019　(3)4012　(4)72072　(5)1273　(6)4602　(7)209　(8)2079　(9)79079　(10)9797

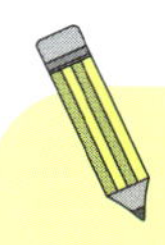

割引算（25％）

バーゲンセールのとき、20％引き、30％引き、など様々な割引がありますが、25％引きだといくらになるでしょうか。

例 **8800円の25％は？**

その25％は、4で割る

解決策

いきなり「25％は？」と聞かれてもパッと答えることができません。2桁なので掛け算も複雑です。しかし、とあるコツを使うと一瞬で答えを出すことができます。25％分は、円グラフで見るとわかりやすいでしょう。

そう、25％は、100％を4個に割ったうちの1つ分になり、$\frac{1}{4}$と同じ意味になります。つまり、ある量の25％は、4で割った数と一緒になります。よって、この答えは2200円です。

25%

$\frac{1}{4}$（4個に割ったうちの1つ分）

4で割り切れないとき、余りが1 → 0.25
余りが2 → 0.5
余りが3 → 0.75
をその答えに足すと覚えておくと早いでしょう。

割引算（25％） 演習

0.25を掛ける操作は、4で割ることと同じになります。例えば 7×0.25＝7÷4＝1…3 つまり1.75（余りが3のときは0.75がつきます）となります。

1 次の計算をしましょう。

(1) 80 × 0.25

(2) 0.25 × 89

(3) 39 × 0.25

(4) 98 × 0.25

(5) 78 × 0.25

(6) 0.25 × 52

(7) 64 × 0.25

(8) 96 × 0.25

(9)　0.25 × 21

(10)　0.25 × 35

2 次の計算をしましょう。

(1)　0.25 × 47

(2)　0.25 × 63

(3)　94 × 0.25

(4)　21 × 0.25

(5)　86 × 0.25

(6)　0.25 × 92

(7)　0.25 × 69

(8)　0.25 × 51

(9)　0.25 × 15

(10)　0.25 × 56

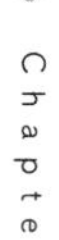

1 の答え	(1)20	(2)22.25	(3)9.75	(4)24.5	(5)19.5
	(6)13	(7)16	(8)24	(9)5.25	(10)8.75
2 の答え	(1)11.75	(2)15.75	(3)23.5	(4)5.25	(5)21.5
	(6)23	(7)17.25	(8)12.75	(9)3.75	(10)14

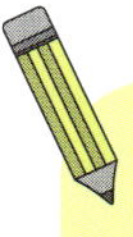

割引算（20％、25％、50％）

ある特定の少数の掛け算は、割り算に直すことで、より速く計算することができます。

例

8800円の20％は？

- 0.25を掛けるのは、4で割るのと同じ
- 0.2を掛けるのは、5で割るのと同じ
- 0.5を掛けるのは、2で割るのと同じ

解決策

先ほどは25％でしたが、今度は20％になります。20％は、1 ÷ 5 ＝ 0.2 ＝ 20％なので、ある量の20％分というのは5で割るのと同じになります。他にも、50％分というのは、2で割るのと同じになります。

様々な割引についての考え方をマスターしていきましょう。ここで大事なのは、割引の計算が簡単にできるということだけではありません。数の計算に対して柔軟に考える姿勢を身につけていくことが大切です。

例えば、「50％分を出すためには、2で割ってもよいけど、この数字の場合は、5を掛けたほうが速いからそっちでやろう」と思うことも一つですが、**数の計算の手段をいくつ習得しているかは、数字に対しての自信につながっていきます。**いろいろな方法をとりあえず試してみましょう。そこから自分にとって最善の計算方法を見つけていってください。

この問題の答えは、1760円です。

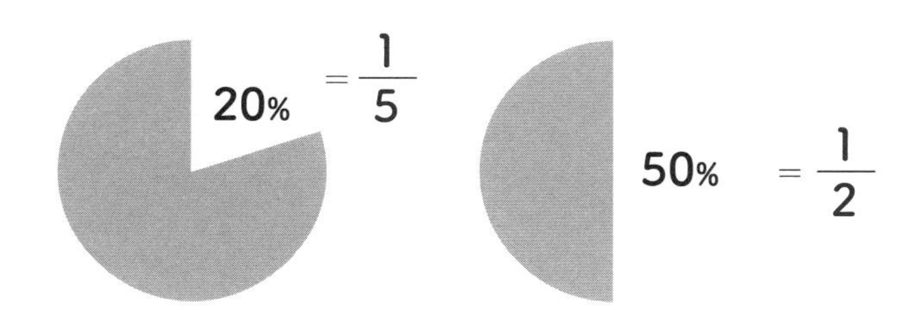

割引算（20%、25%、50%）演習

0.2、0.25、0.5の掛け算は、それぞれ5で割る（1/5倍する）、4で割る（1/4倍にする）、半分にする、ことと等しくなります。

1 次の掛け算を工夫して計算をしましょう。

(1) 86 × 0.5

(2) 70 × 0.2

(3) 0.5 × 31

(4) 0.25 × 76

(5)　62×0.5

(6)　0.5×14

(7)　44×0.25

(8)　78×0.2

(9)　0.2×84

(10)　0.25×79

2 次の掛け算を工夫して計算をしましょう。

(1)　0.5×52

(2)　32×0.5

(3)　61×0.25

(4)　0.25×95

(5)　93×0.2

(6)　0.5×20

(7)　82×0.5

(8)　18×0.2

(9)　0.2×63

(10)　30×0.5

1 の答え	(1)43	(2)14	(3)15.5	(4)19	(5)31
	(6)7	(7)11	(8)15.6	(9)16.8	(10)19.75
2 の答え	(1)26	(2)16	(3)15.25	(4)23.75	(5)18.6
	(6)10	(7)41	(8)3.6	(9)12.6	(10)15

MEMO

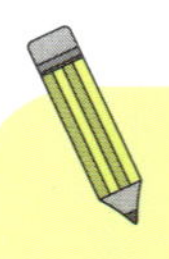

12～18の偶数と2桁の掛け算

2桁×2桁の計算は少し工夫すると2桁×1桁にすることができます。

例 **16 × 21**

いかに2桁×1桁の計算にしていくか？
片方を半分にして、片方を2倍にする

解決策

2桁と2桁の掛け算の暗算はなかなか難しいものです。だからこそ、2桁と1桁の掛け算に直したほうが計算しやすくなるのですが、とっておきの方法があります。**半分にしたら1桁になる数は、半分にしてしまって、もう一方の数を2倍にして計算する、という方法です。**つまりこんな感じ。

16 × 21 → 8 × 42

これならがんばれば暗算できますね。「勝手に半分と2倍にしてしまっていいの？」と思うかもしれませんが、16 × 21 = 8 × 2 × 21で、2を逆側に掛けただけなので大丈夫。答えは336ですね。

先日、引っ越しをしたときに、15cm のタイルが 16 個並んでいる部屋の大きさを、電卓を使わず一瞬で計算しました。それは、15 × 16 ＝ 30 × 8 ＝ 240（cm）という計算でした。1 桁目が「5」だと、2 倍にするとちょうどきりのいい数になりますね。こんな風に一瞬で計算できるとちょっと感動しませんか？

12～18の偶数と2桁の掛け算 演習

例えば14×35であれば、(7×2)×35＝7×70とすることで1桁と2桁の掛け算に帰着させることができます。まずは途中式をしっかり書くことをおすすめしますが、式の下に「7,70」と書くだけで解けるといいですね。

1 次の計算をしましょう。

(1) 16 × 24

(2) 12 × 31

(3) 12 × 45

(4) 14 × 31

(5) 23 × 18

(6) 12 × 12

(7) 18 × 31

(8)　16 × 22

(9)　17 × 14

(10)　27 × 12

2 次の計算をしましょう。

(1)　12 × 25

(2)　40 × 12

(3)　14 × 30

(4)　14 × 43

(5)　26 × 12

(6)　16 × 25

(7)　35 × 16

(8)　47 × 18

(9)　34 × 12

(10)　40 × 18

1 の答え　(1)384　(2)372　(3)540　(4)434　(5)414
(6)144　(7)558　(8)352　(9)238　(10)324

2 の答え　(1)300　(2)480　(3)420　(4)602　(5)312
(6)400　(7)560　(8)846　(9)408　(10)720

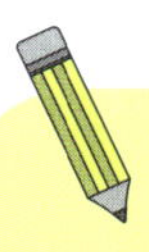

10％アップの掛け算

「売上 10％アップ!」という風に、10％アップさせる計算は、ビジネスでは頻出です。

例 67 × 11

11を掛ける場合は、1個ずらして足す
※10％アップもこの計算で求めることができます

解決策

ある数に 11 を掛けるとき、筆算を書いてみましょう。

```
   67
×  11
-----
   67
  67
-----
  737
```

つまり「67」を1個スライドさせて足しているいるだけ

すると、「67 と、67 を 10 倍した数を足しているだけ」ということに気づきます。この「1 つスライドして足す」方式はいろいろな計算で考えることができますのでおさえておきましょう。2桁×2桁は暗算はなかなか難しい、というお話をしましたが、この「11」はシンプルな計算になるのでやりやすいですね。

67 × 11 → 67 + 670 = 737

10%アップも同じ計算です。それは、「11」ではなく、「1.1」を掛ければよいということです。

67 × 1.1 ⟷ 67×110%
⟷「67の10%アップはいくら??」と同じ

10%アップの掛け算 演習

例えば11×42であれば、42を10倍した420と42の和として、420+42=462と計算できます。

1 次の計算をしましょう。

(1) 85 × 11

(2) 11 × 67

(3) 50 × 11

(4) 11 × 77

(5) 46 × 11

(6)　22 × 11

(7)　74 × 11

(8)　47 × 11

(9)　60 × 11

(10)　93 × 11

2 次の計算をしましょう。

(1)　11 × 78

(2)　80 × 11

(3)　11 × 88

(4)　11 × 15

(5)　11 × 74

(6)　34 × 11

(7)　51 × 11

(8)　15 × 11

(9)　11 × 11

(10)　11 × 44

1 の答え (1)935 (2)737 (3)550 (4)847 (5)506
(6)242 (7)814 (8)517 (9)660 (10)1023

2 の答え (1)858 (2)880 (3)968 (4)165 (5)814
(6)374 (7)561 (8)165 (9)121 (10)484

MEMO

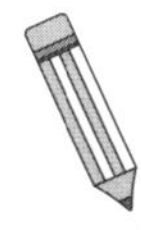

年 → 月単位への変換

会社や店舗や部署などの、年間の売上を一瞬で月の売上に変換する方法をご紹介します。年間の売上を聞いただけで月の売上に変換できれば、一日あたりへの変換もしやすく、**年間売上という漠然とした大きな数を分解して、なるべく小さな数にすることで、現状の把握がしやすくなります。**

例 **年間売上1億円の1ヶ月あたりの売上は?**

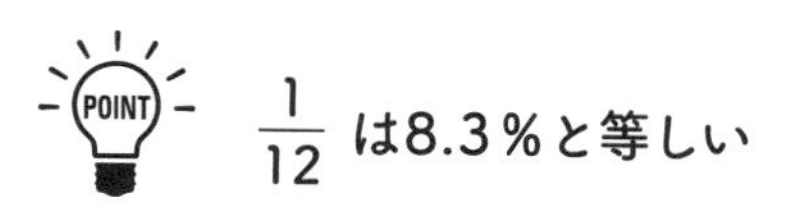

解決策

年間の売上から月間の売上を算出するのには、1年は12ヶ月なので12で割ればいいのですが、12で割るのはちょっと面倒で、時間もかかりそうです。

そこで助け舟。覚えておくと便利な数字、「8.3」の登場です。これは何かと言えば、**8.3% = $\frac{1}{12}$**の**「8.3」です**。つまり、0.083を掛けるのと、12で割るのは同じことなのです。例題の場合、もとの額が1億円ときりのいい数字なので、**1 × 83 = 83**で、

頭の数が83ということがわかりました。これを月間売上の桁に合わせていきます。例えば1億円を、12ではなくざっくり10で割ると1千万円です。頭に83がつくことはわかっているので、それに近い数字は830万円とわかります。

しかし、ここでの数は、若干、誤差が生じることに注意が必要です。正確には、833万3333円になります。ただ、ここで想定しているのは、口頭でのやりとりです。「1億です」という相手の言葉は1億52万4120円かもしれません。口頭では、いちいち正確な数は言いません。求められているのは、言われた数に対して、**ざっくりでいいので素早く返す、**ということなのです。

実際、8.333……%と8.3%の違いはわずかに0.04%程度です。**こういう誤差を判定する思考を常にもっておくことが大切です。**もちろん場合によっては、0.04の誤差すらも考えなければいけないこともありますが、少なくとも会話の中では0.04は無視できる誤差となります。

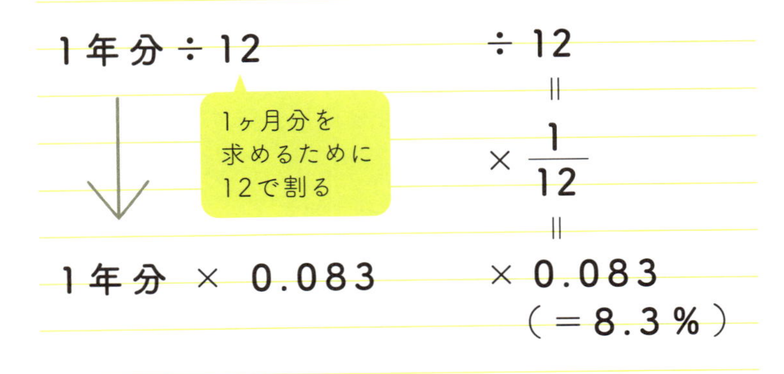

年→月単位への変換 **演習**

年間の売上の約8.3%が月間の売上になります。年間の売上に83を掛けたあとに、年間売上を10で割った値に近くなるように桁を調整しましょう。月間の売上を概算することができます。

1　年間売上が次の値となるとき、
月間の売上はいくらでしょうか。

（1）　70億円

（2）　6,000万円

（3）　300万円

（4）　8,000万円

（5）　100億円

（6）　200万円

（7）　7,000億円

（8）　10億円

（9）　600万円

（10）　400億円

2 年間売上が次の値となるとき、
月間の売上はいくらでしょうか。

(1) 5,000万円

(2) 4,000億円

(3) 1,000万円

(4) 90億円

(5) 2,000億円

(6) 900万円

(7) 500万円

(8) 800万円

(9) 500億円

(10) 4,000万円

1 の答え
(1)5.81億円 (2)498万円 (3)24.9万円 (4)664万円
(5)8.3億円 (6)16.6万円 (7)581億円 (8)8,300万円
(9)49.8万円 (10)33.2億円

2 の答え
(1)415万円 (2)332億円 (3)83万円 (4)7.47億円
(5)166億円 (6)74.7万円 (7)41.5万円 (8)66.4万円
(9)41.5億円 (10)332万円

パートナーナンバーから見える特性

例えば、1年の売上を月の売上に変換するには「÷ 12」をすること、つまり、8.3%にすることでした。この「÷ 12」⇔「8.3%」という2つの数字を互いに**パートナーナンバー**と呼びます。実は、他にも様々なパートナーナンバーがあります。例えば、

4で割る	⟺	25%
5で割る	⟺	20%
6で割る	⟺	17%
7で割る	⟺	14%
8で割る	⟺	12.5%
9で割る	⟺	11%
10で割る	⟺	10%
11で割る	⟺	9.1%
12で割る	⟺	8.3%

など、様々な種類がありますので、数に慣れ親しむという意味でもぜひ覚えておくといいでしょう。いろいろな円グラフを見てみるのもよいと思います。そこには様々なパーセンテージが書いてあります。

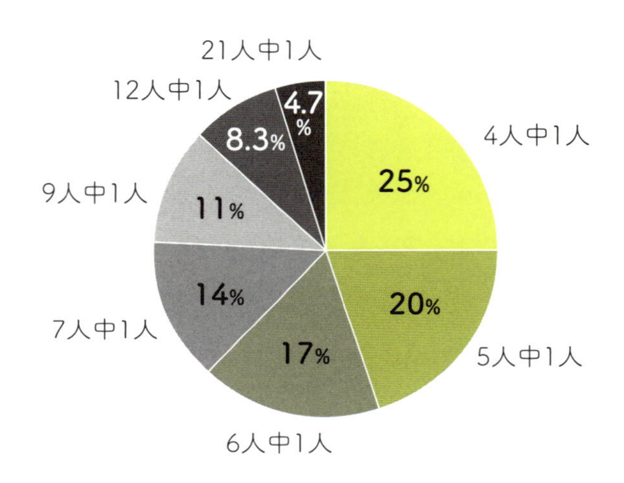

「17%」と記載があれば、ある量の 17% 分を考えることは、ある量を「6 で割る」のと一緒でしたから「6 人に 1 人ですね」とか言えるわけです。

MEMO

data sense

すべては比べることから始まる

人は、比べないとわからない

「10万円って多いですか？ 少ないですか？」

なんて質問をいきなり問いかけられたらどんな風に答えるでしょうか。ほとんどの人が、まず意味がわからないのではないでしょうか。逆に、こんな質問を返したいはずです。

「何に対してですか？」

と。つまり、**いきなり「大きい」か「小さい」かを聞いたところで、“何と比べて”がわからないと答えられないということは明らかです**。

人は常に何かと何かを比べています。どんな比べ方をしているのかは人それぞれ、ケースバイケースです。“隣の芝生は青く見える”という言葉もあるように、比べることで落ち込んだり、嬉しくなったり、様々なストーリーが生まれていくのです。

比べ方は2種類ある

2つの数字を比べるときに、その比べ方は大きく分けて2種類あります。それは、**引き算か、割り算かのどちらかです**。例えば、昨年の売上が1億円の企業が、今年1億500万円になったとします。引き算と割り算で考えると、以下です。

- 引き算（差） 1億500万－1億 ＝ 500万
- 割り算（比） 1億500万／1億 ＝ 1.05（5%増）

引き算での解釈は、500万円増加した、と言えますし、割り算の解釈では、今年1.05倍になった、つまり、5%分昨年より増加した、と言えます。

さて、引き算と割り算で考えてきましたが、実際にその値が多いのか、少ないのか、どちらでしょうか。実はこれはまだ解釈のしようがありません。その企業が10%成長で1000万円の売上アップを目指していたなら、目標未達で「少ない」という解釈になるでしょう。しかし、毎年1億円ちょうどの売上だったとしたら、5%増は大いなる成長です。

昨年の売上		今年の売上	差	割合
1億	→	1億500万	＋500万	＋5%
100万	→	105万	＋5万	＋5%
100万	→	600万	＋500万	＋500%

同じ5%成長でも売上100万円なら＋5万円で105万円にしかなりません。500万円増加をしたいなら、＋500%アップとなり、かなり成長しなければいけないことがわかります。

同じ5%でも「差」が大きく異なる
同じ500万円でも「割合」が大きく異なる

分数のもつ3つの意味

「$\frac{1}{0.3}$ってどういう意味？」

小学校のとき習ったような気もしますが、大人になるとほとんどの人がその意味を忘れてしまいます。もしかしたらそういう「法則」、「式変形におけるマニュアル」のみを学んだのかもしれません。

算数の単元で、挫折する人が一番多いのは「分数」です。分数は、言い換えれば「割り算」のことです。そんな分数の意味について考えていきます。

①分ける

12 個のクッキーを 3 人で分けると、一人 4 個ずつ。

分けることそのものが割り算であり、分数のことです。

$$12 \div 3 = \frac{12}{3} = 4$$

②分子は、分母何個分か？

$$総資本回転率 = \frac{売上}{総資本}$$

「分ける」という意味だけだと、「12 個のクッキーを 0.2 人で分ける」などの計算が考えられなくなります。しかし、数学的には 12 ÷ 0.2 という形の計算は十分あり得ます。このときの解釈は、**12 の中に 0.2 は何個入っているか？** ということになります。財務分析で、「総資本回転率」という指標がありますが、これは、売上の中に総資本が何個分入っているか、という解釈になります。

③分子は、分母を 1 とするとどのくらいの量か？

$$売上成長率 = \left(\frac{今年の売上}{昨年の売上} \right) - 1$$

例えば、今年の売上が 1 億 2 千万円で昨年の売上が 1 億円だったとき、今年の売上を昨年の売上で割ると成長率（正確には１を引きますが）が出てきます。さて、このとき、②のときのように「今年の売上は、昨年の売上何個分か」で考えるとそもそも何個もありません。だからこそ、こういう新しい解釈をつくることでうまく表現ができます。それは、

今年の売上は、昨年の売上を「1」にしたときにどのくらいの量か？

ということです。つまり、何をしているのかと言えば、分母の量を１としたときに分子の量はどのくらいになるのか、さらに言えば、分母に対しての分子の割合を求めているのです。つまり $\frac{6}{5}$ は、分母を５→１にしたとき分子は 1.2 となるということですし、分母５に対しての分子６の割合と考えるとよいでしょう。

この３つの意味をうまく駆使していくことで、分数を解釈し、うまく表現できるようになります。

先ほどの問題を考えると

$$\frac{\text{今年の売上}}{\text{昨年の売上}} = \frac{1.2\text{億}}{1\text{億}} = \frac{12}{10} = \frac{6}{5} = 1.2$$

これは昨年の売上を１としたとき、今年の売上は 1.2 である、ということを示しています。ちなみに分子・分母の数は整数（1、2、3、…）だけでなく、小数や分数のまま考えることも可能です。

例えば $\frac{1}{0.3}$ は、分母 0.3 に対しての分子１の割合であったり、１の中に 0.3 が何個入っているかなどと解釈するとよいでしょう。$\frac{1}{0.3} = 3.33\cdots\cdots$ となります。

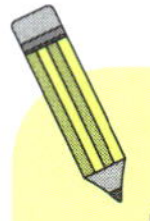

割合を用いた数の増減

ビジネスでよくある数字の報告。「売上が120%アップしました！」という一言。「20%アップ」の間違いかもしれません。

例 **500万円が120%アップしたらいくらになる？**

〇〇%アップしたのか、〇〇%にアップしたのか？

解決策

「売上が120%上がりました！」
と、部下が上司に報告するシーンがあったとします。さて、このとき、**120%"に"上がったのか、それとも、120%"が"上がったのか。これによって意味は大きく異なります。**売上が120%に上がったのであれば、元の売上が500万円とすると、600万円になります。120%分が上がったのであれば600万円分が上がりますから1,100万円になります。

ちょっとした言い方の違いで数字が大きく違ってしまうので、注意が必要です。つまり、

① 500万円が120%になった。

500万円そのものが変化したので、500 × 1.2 = 600
よって600万円。

② 500万円が120%アップした。

500万円にプラスして、120%分が増えたので、500 + 500 × 1.2 = 1100　よって1100万円。

例題では、②と同じ表現なので、1100万円が答えになります。

割合を用いた数の増減 演習

「100%アップした」、「200%になった」、「2倍になった」これらはすべて同じ意味となります。他にも「40%ダウン」は「60%になった」と同じなので「×0.6」で計算できます。割合の表現を用いた数の増減の計算に慣れましょう。

1 次の数は何になるでしょうか。

(1)　500が120%アップした。

(2)　500が50%ダウンした。

(3)　500が90%になった。

(4)　500が0.2倍になった

(5)　2000 が 100%アップした。

(6)　2000 が 40%ダウンした。

(7)　2000 が 180%になった。

(8)　2000 が 0.5倍になった

(9)　50 が 50%アップした。

(10)　50 が 10%ダウンした。

2　次の数は何になるでしょうか。

(1)　50 が 60%になった。

(2)　50 が 1.6倍になった

(3)　60000 が 50%アップした。

(4)　60000 が 80%ダウンした。

(5)　60000 が 250%になった。

(6)　60000 が 0.9倍になった

(7)　6000 が 110%アップした。

(8)　6000 が 50%ダウンした。

(9)　6000 が 40%になった。

(10)　6000 が 1.9倍になった。

1 の答え　(1)1100　(2)250　(3)450　(4)100　(5)4000
(6)1200　(7)3600　(8)1000　(9)75　(10)45

2 の答え　(1)30　(2)80　(3)90000　(4)12000　(5)150000
(6)54000　(7)12600　(8)3000　(9)2400　(10)11400

MEMO

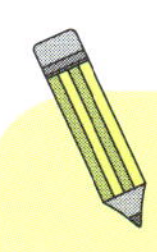

分数の大きさ比べ1

分数と仲良くなるために、その“意味”をしっかりととらえながら、分数の大きさ比べで分数に触れてみましょう。数の大きさを比べるのは、一見簡単かと思うかもしれませんが、意外と苦戦すること間違いなしです。

例 $\dfrac{3}{6}$、$\dfrac{3}{7}$、$\dfrac{3}{8}$を大きい順に並べてみましょう。

分子が大きいほうが大きい
分母が小さいほうが大きい

解決策

まず、$\frac{2}{5}$と$\frac{3}{5}$は、$\frac{3}{5}$のほうが大きくなります。つまり、分母が同じ場合、分子の大きいほうが大きくなります。これは、数が大きくなっても一緒で、$\frac{18}{33}$と$\frac{19}{33}$では、$\frac{19}{33}$のほうが大きいですね。

次に、$\frac{3}{5}$と$\frac{3}{6}$で考えてみるとどうでしょう。営業成績で考えると、5件回って3件成約するのと、6件回って3件成約するのでは、どちらのほうが成約率が高いでしょうか。

それは当然5件中3件ですね。少ない件数の中でたくさん成約したほうが、成約率が高いです。だから、**分子が同じ場合は、分母が小さいほうが、大きくなる**、ということです。

こんな風に、分数でも"意味"を考えながら取り組むと、これまでになかった視点で分数と触れあえるのでぜひやってみましょう。

分数の大きさ比べ1　演習

例えば$\frac{3}{4}$と$\frac{4}{5}$ではそれぞれ$1-\frac{1}{4}$、$1-\frac{1}{5}$と変形できます。$\frac{1}{4}>\frac{1}{5}$ですから、同じ値からだと引くものが大きいほうが結果は小さくなります。つまり$\frac{3}{4}<\frac{4}{5}$となります。

1 次の分数を小さい順に並べましょう。

(1) $\frac{13}{15}$, $\frac{13}{14}$, $\frac{13}{16}$　(2) $\frac{2}{19}$, $\frac{2}{18}$, $\frac{2}{20}$

(3) $\frac{6}{18}$, $\frac{6}{17}$, $\frac{6}{16}$　(4) $\frac{1}{7}$, $\frac{1}{9}$, $\frac{1}{8}$

(5) $\frac{3}{4}$, $\frac{5}{6}$, $\frac{4}{5}$　(6) $\frac{2}{3}$, $\frac{4}{5}$, $\frac{3}{4}$

(7) $\frac{5}{7}$, $\frac{5}{6}$, $\frac{5}{8}$　(8) $\frac{5}{8}$, $\frac{5}{9}$, $\frac{5}{10}$

(9) $\frac{1}{4}$, $\frac{1}{3}$, $\frac{1}{2}$　(10) $\frac{1}{4}$, $\frac{1}{3}$, $\frac{1}{5}$

2 次の分数を小さい順に並べましょう。

(1) $\frac{2}{21}$, $\frac{2}{19}$, $\frac{2}{20}$　　(2) $\frac{8}{9}$, $\frac{10}{11}$, $\frac{9}{10}$

(3) $\frac{4}{5}$, $\frac{6}{7}$, $\frac{5}{6}$　　(4) $\frac{9}{11}$, $\frac{9}{10}$, $\frac{9}{12}$

(5) $\frac{1}{4}$, $\frac{1}{5}$, $\frac{1}{6}$　　(6) $\frac{3}{7}$, $\frac{3}{5}$, $\frac{3}{6}$

(7) $\frac{2}{11}$, $\frac{2}{10}$, $\frac{2}{9}$　　(8) $\frac{15}{16}$, $\frac{16}{17}$, $\frac{17}{18}$

(9) $\frac{12}{13}$, $\frac{11}{12}$, $\frac{10}{11}$　　(10) $\frac{9}{10}$, $\frac{11}{12}$, $\frac{10}{11}$

1 の答え

(1) $\frac{13}{16} < \frac{13}{15} < \frac{13}{14}$　(2) $\frac{2}{20} < \frac{2}{19} < \frac{2}{18}$　(3) $\frac{6}{18} < \frac{6}{17} < \frac{6}{16}$

(4) $\frac{1}{9} < \frac{1}{8} < \frac{1}{7}$　(5) $\frac{3}{4} < \frac{4}{5} < \frac{5}{6}$　(6) $\frac{2}{3} < \frac{3}{4} < \frac{4}{5}$

(7) $\frac{5}{8} < \frac{5}{7} < \frac{5}{6}$　(8) $\frac{5}{10} < \frac{5}{9} < \frac{5}{8}$　(9) $\frac{1}{4} < \frac{1}{3} < \frac{1}{2}$

(10) $\frac{1}{5} < \frac{1}{4} < \frac{1}{3}$

2 の答え

(1) $\frac{2}{21} < \frac{2}{20} < \frac{2}{19}$　(2) $\frac{8}{9} < \frac{9}{10} < \frac{10}{11}$　(3) $\frac{4}{5} < \frac{5}{6} < \frac{6}{7}$

(4) $\frac{9}{12} < \frac{9}{11} < \frac{9}{10}$　(5) $\frac{1}{6} < \frac{1}{5} < \frac{1}{4}$　(6) $\frac{3}{7} < \frac{3}{6} < \frac{3}{5}$

(7) $\frac{2}{11} < \frac{2}{10} < \frac{2}{9}$　(8) $\frac{15}{16} < \frac{16}{17} < \frac{17}{18}$　(9) $\frac{10}{11} < \frac{11}{12} < \frac{12}{13}$

(10) $\frac{9}{10} < \frac{10}{11} < \frac{11}{12}$

分数の大きさ比べ2

「通分」のテクニックは使わずに、分数を分解するという発想で大きさを比べ、分数の感覚を養います。

例 $\frac{3}{5}$、$\frac{4}{7}$、$\frac{5}{9}$を大きい順に並べてみましょう。

通分せずに、分解する

解決策

これはちょっとした発想の転換をするとわかります。まず、よくわからない数字が出てきたら、それがどのくらいになるのか、パッと観察することです。するとこの場合わかるのは、**すべて$\frac{1}{2}=0.5$よりもちょっとだけ大きい、ということです。**例えば、5の半分は2.5ですから、$\frac{2.5}{5}=\frac{1}{2}$です。これが$\frac{3}{5}$になるためには、あと$\frac{0.5}{5}$があればいい、ということです。だから、すべて同じように変換すると、次のようになります。

$$\frac{3}{5}、\frac{4}{7}、\frac{5}{9}$$

$$\Rightarrow \frac{2.5+0.5}{5}、\frac{3.5+0.5}{7}、\frac{4.5+0.5}{9}$$

$$\Rightarrow \frac{0.5}{5} > \frac{0.5}{7} > \frac{0.5}{9}$$

するとどうでしょう。つまり、今、大きさを測っている天秤からすべて同じ重り $\frac{1}{2}$ をとってしまいます。今は“大きさ”だけを比べていますから、3つの分数からそれぞれ $\frac{1}{2}$ を削除しても大きさの順番は変わらないはずです。

つまり $\frac{0.5}{5}$、$\frac{0.5}{7}$、$\frac{0.5}{9}$ の大きさを比べればよいのです。問題がシンプルになりました。分子が同じときは、分母の小さいほうが数としては大きくなる、のでしたね。

ちなみに、「通分」をすることで比べることもできますが、大切なのは、分数そのものの性質を知ることです。通分なしでの大きさ比べに挑戦してみましょう。

分数の大きさ比べ2　演習

例えば $\frac{5}{6}$ と $\frac{15}{17}$ はどうやって比べるのか。
$\frac{5}{6}=\frac{15}{18}$ とおいてみると比べやすくなります。
分子と分母を何倍かしてみるといいでしょう。
時間のかかる演習ですが、かかった分だけ分数に強くなります。

1 次の分数を小さい順に並べましょう。

(1) $\frac{5}{13}, \frac{5}{12}, \frac{5}{11}$　　(2) $\frac{5}{6}, \frac{15}{17}, \frac{15}{16}$

(3) $\frac{6}{11}, \frac{7}{13}, \frac{8}{15}$　　(4) $\frac{3}{4}, \frac{2}{3}, \frac{3}{8}$

(5) $\frac{13}{16}, \frac{13}{14}, \frac{13}{15}$　　(6) $\frac{19}{37}, \frac{18}{35}, \frac{20}{39}$

(7) $\frac{13}{24}, \frac{7}{13}, \frac{15}{28}$　　(8) $\frac{11}{21}, \frac{13}{25}, \frac{12}{23}$

(9) $\frac{8}{15}, \frac{17}{32}, \frac{15}{28}$　　(10) $\frac{7}{6}, \frac{14}{11}, \frac{28}{23}$

2 次の分数を小さい順に並べましょう。

(1) $\frac{7}{10}, \frac{7}{8}, \frac{7}{9}$　　(2) $\frac{3}{5}, \frac{5}{8}, \frac{7}{12}$

(3) $\frac{1}{5}$, $\frac{2}{11}$, $\frac{4}{21}$　(4) $\frac{13}{25}$, $\frac{12}{23}$, $\frac{14}{27}$

(5) $\frac{6}{11}$, $\frac{11}{20}$, $\frac{5}{9}$　(6) $\frac{46}{25}$, $\frac{23}{12}$, $\frac{23}{13}$

(7) $\frac{6}{11}$, $\frac{13}{24}$, $\frac{7}{13}$　(8) $\frac{16}{31}$, $\frac{15}{29}$, $\frac{17}{33}$

(9) $\frac{15}{28}$, $\frac{8}{15}$, $\frac{7}{13}$　(10) $\frac{7}{8}$, $\frac{9}{10}$, $\frac{8}{9}$

1 の答え
(1) $\frac{5}{13} < \frac{5}{12} < \frac{5}{11}$　(2) $\frac{5}{6} < \frac{15}{17} < \frac{15}{16}$　(3) $\frac{8}{15} < \frac{7}{13} < \frac{6}{11}$
(4) $\frac{3}{8} < \frac{2}{3} < \frac{3}{4}$　(5) $\frac{13}{16} < \frac{13}{15} < \frac{13}{14}$　(6) $\frac{20}{39} < \frac{19}{37} < \frac{18}{35}$
(7) $\frac{15}{28} < \frac{7}{13} < \frac{13}{24}$　(8) $\frac{13}{25} < \frac{12}{23} < \frac{11}{21}$　(9) $\frac{17}{32} < \frac{8}{15} < \frac{15}{28}$
(10) $\frac{7}{6} < \frac{28}{23} < \frac{14}{11}$

2 の答え
(1) $\frac{7}{10} < \frac{7}{9} < \frac{7}{8}$　(2) $\frac{7}{12} < \frac{3}{5} < \frac{5}{8}$　(3) $\frac{2}{11} < \frac{4}{21} < \frac{1}{5}$
(4) $\frac{14}{27} < \frac{13}{25} < \frac{12}{23}$　(5) $\frac{6}{11} < \frac{11}{20} < \frac{5}{9}$　(6) $\frac{23}{13} < \frac{46}{25} < \frac{23}{12}$
(7) $\frac{7}{13} < \frac{13}{24} < \frac{6}{11}$　(8) $\frac{17}{33} < \frac{16}{31} < \frac{15}{29}$　(9) $\frac{8}{15} < \frac{15}{28} < \frac{7}{13}$
(10) $\frac{7}{8} < \frac{8}{9} < \frac{9}{10}$

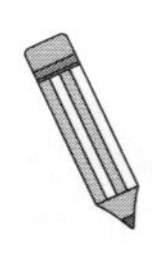

約分

約分とは、分数をより簡単にする手法で、計算を楽にすることができます。実例を見ながら学んでいきましょう。

例 1 $$\frac{3}{6} = \frac{\cancel{3}}{2 \times \cancel{3}} = \frac{1}{2}$$

分子分母に同じ数が掛け算されていた場合、消すことができます。6つに分けたうちの3つ分と、2つに分けたうちの1つ分は同じ量です。

例 2 $$\frac{42}{12} = \frac{\cancel{2} \times \cancel{3} \times 7}{2 \times \cancel{2} \times \cancel{3}} = \frac{7}{2}$$

例3 $$\frac{10000}{100}=\frac{10000}{100}=\frac{100}{1}=100$$

分子分母に同じ数の0が並んでいた場合、消すことができます。分子分母に10が同じ個数だけ掛けられているからです。

例4 $$\frac{0.08}{0.001}=\frac{0.08\times1000}{1}=80$$

小数点3個分

小数点も、分子分母に同じ数だけ移動させることができます。分子分母を1000倍すると、うまく分母が1になります。

例5 $$3\times\frac{8}{30}=3\times\frac{8}{3\times10}=\frac{4}{5}$$

$3=\frac{3}{1}$のことです。分数の掛け算は、分子同士・分母同士に掛け算をするのでこのような形となります。

約分　演習

できるだけ簡単な分数にしてみましょう。時に分母が1となり、整数となることもあります。
$\frac{40}{4}=10$となるように。

1　次の分数を約分しましょう。

(1) $\frac{177}{60}$　(2) $\frac{320}{4}$

(3) $\frac{75}{160}$　(4) $\frac{66}{18}$

(5) $\frac{30}{66}$　(6) $\frac{76}{60}$

(7) $\frac{21}{15}$　(8) $\frac{33}{117}$

(9) $\frac{22}{24}$　(10) $\frac{49}{308}$

2　次の分数を約分しましょう。

(1) $\frac{80}{372}$　(2) $\frac{6}{3}$

(3) $\frac{267}{84}$　(4) $\frac{306}{42}$

(5) $\frac{40}{800}$　(6) $\frac{152}{64}$

(7) $\frac{20}{175}$　(8) $\frac{48}{192}$

(9) $\frac{2}{4}$　(10) $\frac{39}{171}$

1 の答え　(1) $\frac{59}{20}$　(2) 80　(3) $\frac{15}{32}$　(4) $\frac{11}{3}$　(5) $\frac{5}{11}$

(6) $\frac{19}{15}$　(7) $\frac{7}{5}$　(8) $\frac{11}{39}$　(9) $\frac{11}{12}$　(10) $\frac{7}{44}$

2 の答え　(1) $\frac{20}{93}$　(2) 2　(3) $\frac{89}{28}$　(4) $\frac{51}{7}$　(5) $\frac{1}{20}$

(6) $\frac{19}{8}$　(7) $\frac{4}{35}$　(8) $\frac{1}{4}$　(9) $\frac{1}{2}$　(10) $\frac{13}{57}$

MEMO

分数は「計算」のみに用いる

小学校のときあれだけ苦戦した分数。大人になるとほとんど見ることはありません。ほとんどが小数です。今日の気温は「13.8℃」などと表現しますが、「$\frac{138}{10}$」℃と表示されることはありません。会社の売上でも、20%増とはいいますが、$\frac{6}{5}$ になった、と表現することはほとんどありません。

分数はパッと見てどのくらいの大きさになっているかが非常にわかりづらい表現です。例えば、1日当たりの平均来客数は、$\frac{2018}{7}$ 人とか言われても、パッとわかりません。それを、約288人と言われると、300人にはいっていないんだな、とか、250人よりは多いんだな、とか、そういう具体的なものとしてイメージできます。

小数は言われた瞬間にどのくらいの大きさかイメージできるので現実社会で頻繁に用いられます。では、パッと見てどのくらいの大きさかわかりづらい分数はどこで使われるのでしょうか。

実は、計算の中で多く用いられているのです。 例えば、56 ÷ 16という計算は一見大変そうに見えますが、$\frac{56}{16}$ にしてから、$\frac{28}{8} = \frac{14}{4} = \frac{7}{2}$ としてしまえば、暗算でも出すことができます。つまり、**「約分」をするために分数にして計算をするのです。** 特に暗算で行なう場合、大きな数同士を割り算するのは大変です。だからこそ、約分をして小さな数にしてから計算をすると楽になります。

※「67% の確率で成功する」と書くより、「$\frac{2}{3}$」つまり「3回中2回成功する」というような分数のほうがより伝わりやすい表現になることはあります。

MEMO

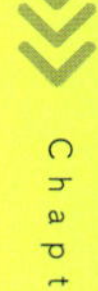

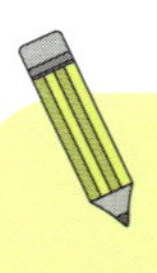

単位の変換（時間）

時間を分に換算するとき、あるいは、分を時間に換算するとき、どんな風に計算したらいいでしょうか。

例 **12.4 時間は何分？**

パターンではなく、理由を覚える

解決策

世の中には様々な単位があります。単位が変われば、その前の数字も変化します。例えば、1時間は60分です。1分は60秒なので、1時間は、3600秒（60秒×60）です。これを基本の考え方として計算に応用していきます。慣れてしまえば難しい計算ではありません。

まず「12時間」は何分かを考えます。1時間は60分だから、その60分が12時間分あるから、60分×12時間＝720分になります。残り0.4時間は、1時間が60分なので、60分×0.4＝24分　(60分のうちの40%という意味）になります。

よって720＋24分で、744分になります。

単位の変換（時間）　演習

時間から分への換算は60を掛けることで、分から時間への換算は60で割ることで行なうことができます。例えば3.2時間は192分、150分は2.5時間となります。

1 時間は分に、分は時間に直しましょう。

（1）　1.5時間

（2）　105分

（3）　3.6時間

（4）　474分

（5）　4.4時間

（6）　372分

（7）　0.6時間

（8）　435分

（9）　1.4時間

（10）　75分

2 時間は分に、分は時間に直しましょう。

(1) 0.5時間

(2) 12分

(3) 7時間

(4) 228分

(5) 4.3時間

(6) 78分

(7) 1.7時間

(8) 324分

(9) 6時間

(10) 375分

1 の答え (1)90分 (2)1.75時間 (3)216分 (4)7.9時間 (5)264分 (6)6.2時間 (7)36分 (8)7.25時間 (9)84分 (10)1.25時間

2 の答え (1)30分 (2)0.2時間 (3)420分 (4)3.8時間 (5)258分 (6)1.3時間 (7)102分 (8)5.4時間 (9)360分 (10)6.25時間

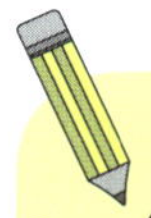

0.2、0.25、0.5 の割り算

ある特定の小数の割り算は、掛け算に直すことで、一瞬で計算することができます。

例 **7 ÷ 0.2**

- **0.2で割るのは、5を掛けるのと同じ**
- **0.25で割るのは、4を掛けるのと同じ**
- **0.5で割るのは、2を掛けるのと同じ**

解決策

分数で考えたとき、分子は分母何個分なのか。7 ÷ 0.2 であれば、7 の中に 0.2 が何個あるのか、と同じ意味になります。順番に考えていきます。1 の中に 0.2 は 5 個必要です。つまり、それが 7 倍あるので、7 × 5 と同じ意味になります。

また私たちが学校で習った式変形、$0.2 = \frac{1}{5}$ を使えば「÷ 0.2」は「$\div \frac{1}{5}$」つまり、「× 5」と同じ意味です。分数の割り算は、分子分母を入れ換えた掛け算と一緒の意味になるのでしたね。

今は割り算をそのまま計算するのではなく、意味でとらえながら、掛け算に直して計算する練習をしてみましょう。

「0.2で割るのは、5を掛けるのと一緒だから…」「0.25で割るのは、4を掛けるのと一緒だから…」と声に出しながら取り組んでみましょう。

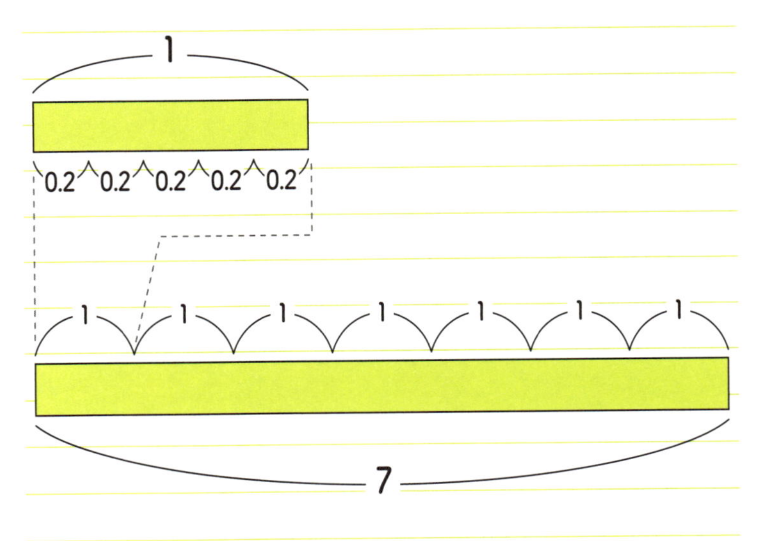

なので7の中に0.2は［7×5］個分だけ入っている

0.2、0.25、0.5の割り算　**演習**

÷0.2、÷0.25、÷0.5はそれぞれ5、4、2を掛けることと同じになります。

1 工夫して次の計算をしましょう。

(1)　7 ÷ 0.2

(2)　83 ÷ 0.5

(3)　43 ÷ 0.5

(4)　22 ÷ 0.25

(5)　30 ÷ 0.2

(6)　96 ÷ 0.2

(7)　56 ÷ 0.2

(8)　64 ÷ 0.25

(9)　80 ÷ 0.5

(10)　99 ÷ 0.5

2 工夫して次の計算をしましょう。

(1)　43 ÷ 0.25

(2)　16 ÷ 0.25

(3)　7 ÷ 0.5

(4)　53 ÷ 0.2

(5)　44 ÷ 0.2

(6)　91 ÷ 0.5

(7)　31 ÷ 0.5

(8)　38 ÷ 0.25

(9)　29 ÷ 0.2

(10)　2 ÷ 0.2

1 の答え　(1)35　(2)166　(3)86　(4)88　(5)150
(6)480　(7)280　(8)256　(9)160　(10)198

2 の答え　(1)172　(2)64　(3)14　(4)265　(5)220
(6)182　(7)62　(8)152　(9)145　(10)10

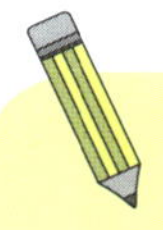

小数同士の割り算

小数同士の割り算に挑戦してみましょう。

例 **0.19 ÷ 0.001**

基本は分数。意味でわかるなら意味で解く

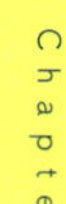

解決策

さて、割り算をどう計算するか。

いくつか計算手法があります。まず1つ目。我々がこれまでやってきた、分数にして計算する方法です。

$$0.19 \div 0.001 = \frac{0.19}{0.001} = \frac{190}{1}$$

という流れで計算します。「約分」で学びましたね。

そうして2つ目。意味で考えていきます。

0.19 ÷ 0.001 =「0.001 が何個あったら 0.19 になるか？」という意味になります。上下に並べるとわかりやすくなります。

0.190

0.001

となりますから、190 個になりますね。このように、桁数を合わせて書くだけで答えを導き出すことができます。今まで約分だけで解いていた方も、このように、意味で考えて問題に挑戦してみると、全く新しい感覚で取り組むことができると思います。こういった感覚にぜひ慣れていっていただけたらと思います。

小数同士の割り算　演習

例えば30÷2.5は約分すると、6÷0.5となり、6の中に0.5が何個入っているかという意味でしたから6×2となり12となります。時に約分をすると楽に計算できるでしょう。

1　小数の割り算の練習をしましょう。

(1)　0.16 ÷ 0.001

(2)　36 ÷ 0.5

(3)　95 ÷ 2.5

(4)　0.07 ÷ 0.28

(5)　8.4 ÷ 0.07

(6)　9 ÷ 0.1

(7)　0.48 ÷ 0.02

(8)　0.044 ÷ 0.004

(9)　$8 \div 0.2$

(10)　$28 \div 1.6$

2 小数の割り算の練習をしましょう。

(1)　$4.9 \div 0.002$

(2)　$2.6 \div 0.025$

(3)　$8.7 \div 0.01$

(4)　$0.049 \div 0.007$

(5)　$8.6 \div 0.04$

(6)　$0.053 \div 0.2$

(7)　$81 \div 0.81$

(8)　$4.5 \div 6$

(9)　$0.074 \div 74$

(10)　$4.1 \div 0.4$

1の答え	(1)160	(2)72	(3)38	(4)0.25	(5)120
	(6)90	(7)24	(8)11	(9)40	(10)17.5
2の答え	(1)2450	(2)104	(3)870	(4)7	(5)215
	(6)0.265	(7)100	(8)0.75	(9)0.001	(10)10.25

コーヒーショップのドリンクはどのサイズがお得？

心地よい空間でくつろげるコーヒーショップ。一番「お得」なサイズを買いたいと思ったとき、こんな問題を考えてみましょう。

問題

以下は、ある有名コーヒーショップの実際の商品の価格です。どのサイズが一番お得でしょうか。

- ショート　240mL　320円
- トール　350mL　360円
- グランデ　470mL　400円

さて、この問題を眺めながらまずはゆっくり考えてみましょう。“比べる”ということを深く考えた皆さんなら何らかの答えは出るはずです。

解決策

単純に、金額だけで比べれば320円、360円、400円なので、ショートが一番お得（安い）です。次に、内容量で比べれば、当然グランデが一番お得（内容量が多い）です。いろいろな答えがありそうです。**なぜなら、何をもってお得かどうかを決めていないからです。**

ここでは、それぞれのサイズの価値が、数値ではっきりと出る比べ方を見ていきましょう。サイズごとに、1mLあたりの金額を求めてみます。

1mLあたりの値段を求めるためには、内容量が分母にくると、内容量が「1」のときの値段がわかります。

ショート $\frac{320円}{240mL}$ ＝ 1.333……

トール $\frac{360円}{350mL}$ ＝ 1.028……

グランデ $\frac{400円}{470mL}$ ＝ 0.851……

となり、1mLあたりの値段はショートが一番高く、グランデが一番安いという結論が出ました。考えてみれば、当たり前のようにも思えます。**ビジネスでは、一度に注文する量を増やせば、ほとんどの場合単位量あたりの値段は下がります。**

もちろんこれだけが正解とは限りません。例えば、

「“コーヒーを飲む”という体験が一番安くできるのは、ショートサイズ。だからショートが一番お得」

なんて考え方もあるかもしれません。あなたはどんな風に考察して結論を出しましたか？

1サイズアップ、どっちがお得？

いつも利用しているコーヒーショップ。今日はちょっと贅沢(ぜいたく)したい気分。そんなとき、こんな問題を考えてみましょう。

問題

以下は、ある有名コーヒーショップの実際の商品の価格

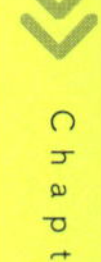

です。ショートからトールに変えるのと、トールからグランデに変えるのでは、どちらのほうがお得でしょうか？ 数字を使って答えてください。

- ショート　240mL　320円
- トール　350mL　360円
- グランデ　470mL　400円

① ショートからトールに変えるほうが得

② トールからグランデに変えるほうが得

さて、先ほどと近い問題ではあるのですが、新たな視点が必要です。解説を読む前に一度、コーヒーでも飲みながら、じっくりと考えてみてください。

解決策1

答えは、②？　ほとんどの人がこの答えを出したのではないでしょうか。

まずは「差」で考えてみましょう。ショートからトール、トールからグランデは両方40円アップです。それに対して、ショートからトールに変える場合、240mL ⇒ 350mLで110mL増えます。トールからグランデに変える場合、350mL ⇒ 470mLで120mL増えます。よって、同じ40円アップで、10mL多いトールからグランデへの変更がお得感があるので②が正解のように思えます…。でも実は、他の答えもあるんです。

解決策2

答えは①。「割合」で学んだことで考えていきましょう。そうすると、ショートからトールに変えると、値段が約1.13倍に対して、内容量が約1.46倍（240mL ⇒ 350mL）になります。

トールからグランデは、値段の上昇率が約1.11倍に対して、内容量が約1.34倍になっています。

これをまとめると、値段の上昇率がほとんど変わらない（1.13倍≒1.11倍）のに対して、内容量が大幅に上昇しているのは、ショートからトールですね。つまり、答えは①になります。

このように考えると、同じ問題でもいろいろなとらえ方がある、ということが感じられるのではないでしょうか。復習になりますが、比べ方は2通りありました。引き算と割り算です。どちらか一方ではなく、2通り両方で考えてみると、考え方の幅が広がっていきます。

答えが2種類も出てきて混乱する方もいるかもしれませんが、**答えは1つということではなく、それぞれの状況に応じて、答えがいくつもあるのが現実社会です。たった1つの数字でとらえるのではなく、複数の解釈ができるのが人間のいいところ。**データセンスを磨いてその考え方を広げていけるといいですね！

※値段と内容量に対してそれぞれ差と割合で考えることができるので、2通り×2通りとなり、4通りほど考える必要がありますが、ここでは代表的な2例のみで考えていきました。

data sense

大きな数と仲良くなる

大きい数をしっかり読む、慣れ親しむ

大きい数とどう向き合うか、というのはビジネスにおいて非常に重要なことです。日常生活で触れる数字はせいぜい数十万くらいまでではないでしょうか。

しかし、ビジネスの世界では、数十万、数百万どころか、数億〜数百億などといった大きな数字も扱うケースが出てきます。日常の感覚からすると、それらの額には馴染みはありません。

だから、100億と1000億が10倍も違うのに、いまいち違いがよくわからない、という感覚を私たちはもっています。

1000円のランチならとっている人はいると思いますが、1万円のランチとなると、ものすごく高い印象があります。しかし、100億と1000億は、それと同じ“10倍”も違うのに、両方、「大きい数」というカテゴリーに入ってしまっていて、現実味がありません。

だからこそ、**数字に現実味をつけていく必要があります**。例えば、10円を落としたら「まぁいっか」となりますが、100円を落としてしまうと、「100円かぁ〜ちょっと悔しいな」となります。さらにその10倍、1000円を落としてしまうと、「うわ〜落としちゃった！ショック！」とそれぞれ起こる感情が変わります。これは、10円で買えるもの、100円で買えるもの、1000円で買えるものがそれぞれ買えなくなってしまった。「損してしまった」という感覚に陥ってしまうからです。

大きい数でこの感覚を得られるようになれば、グッと大きい数との触れあい方は変わってくるはずです。

日経新聞などは数字の宝庫です。

「利上げ加速論の背景にあるのは10年で1.5兆ドル（約160兆円）というトランプ政権の大型減税だ。一方、トランプ氏は、合計1500億ドルの中国製品に関税を課す対中制裁案を米通商代表部（USTR）に指示。」

（2018年4月7日　日本経済新聞）

1.5兆ドル？ 合計1500億ドル？ と言われても、大きすぎてピンとこない人がほとんどではないでしょうか。

会社の資料では大きな数を記載するときに「650,000」と書かずに、「650（千円）」などと0の個数を省略して表すことがあります。大きい数を記載するときにあまりに桁が多いと、このように（千円）や、（百万円）と書くなどして1個目や2個目のカンマと0を省略することが知られています。「65,000,000」だとだいぶ読みづらくなってしまい、「65,000,000,000」という数字が並ぼうものならわけがわからなくなってしまいます。だから、「65,000（百万）」とすることで、読みやすくしているのです。

いずれにしても、とにかく、大きい数に慣れ親しむことが大事です。まず**大きい数をしっかり読む**ということが第一歩になります。ほとんどの方は大きい数を風景のように眺めているだけで、実感がありません。大きな数字とまず触れあう。そんな一歩から始めてみましょう。

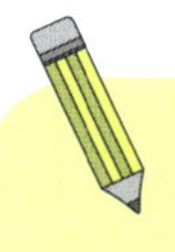

大きい数の速読 1

大きい数を読む訓練をしましょう。

例　**97,000（千円）はいくらでしょうか。**

千、百万、十億という3つの単位を覚えて、その基準から数える。

解決策

解答例：9700万円

大きい数を読むときに、「カンマ」が一つのキーとなります。「97」の次にカンマがついて、そのあとに0が3つ続きます。しかも数字が終わったあとに、（千円）がついています。

よって、**この数字の一番右の0は千円ということがわかります。**そして、左のほうに向かって「千、万、十万、百万、千万」という風に数えていきます。しかし、これだと少しスピードが遅くなるのが欠点です。

だからこそ、**97の次のカンマの左の数を、百万、といきなり読むのです。すると、すぐに9700万円と読むことができます。一番左にあるカンマの左の数から読むようにしてください。**

表を掲載しておきますが、カンマは0の個数が3個区切り、

日本語の「万、億、兆」は4個区切りになっています。個数の幅が一致していないことで非常に読みづらくなっているのです。

カンマ1個目が千（thousand）、2個目が百万（million）、3個目が十億（billion）、4個目が一兆（trillion）になっていますので、それぞれを暗記しておくと強力な武器になります。

Number	0の個数	カンマ数	漢数字
1	0	0	一
10	1	0	十
100	2	0	百
1,000	3	1	千
10,000	4	1	一万
100,000	5	1	十万
1,000,000	6	2	百万
10,000,000	7	2	千万
100,000,000	8	2	億
1,000,000,000	9	3	十億
10,000,000,000	10	3	百億
100,000,000,000	11	3	千億
1,000,000,000,000	12	4	一兆

- カンマ　0の個数は3の倍数
- 万億兆　0の個数は4の倍数
- 1の後の0の個数は、「10の*n*乗」の*n*と等しい

大きい数の速読1　演習

ビジネスの世界では数(特にお金)の単位を(千)や(百万)にすることが多くあります。一番右の数字から読むのではなく、一番左にあるカンマの左の数から読めるように練習しましょう。

1　次の数を読み上げましょう。

(1)　2,758 (百万)

(2)　13 (千)

(3)　711,596 (千)

(4)　3,605,758 (千)

(5)　291 (千)

(6)　16,676 (百万)

(7)　780 (百万)

(8)　293 (千)

(9)　6,629 (千)

(10)　5,318 (千)

2 次の数を読み上げましょう。

(1) 479（千）

(2) 25,907（千）

(3) 708（百万）

(4) 17（千）

(5) 198（千）

(6) 76,367（千）

(7) 9,969（百万）

(8) 8,024（百万）

(9) 99,507（千）

(10) 34（百万）

1 の答え (1)二十七億五千八百万 (2)一万三千 (3)七億千百五十九万六千
(4)三十六億五百七十五万八千 (5)二十九万千
(6)百六十六億七千六百万 (7)七億八千万
(8)二十九万三千 (9)六百六十二万九千 (10)五百三十一万八千

2 の答え (1)四十七万九千 (2)二千五百九十万七千 (3)七億八百万
(4)一万七千 (5)十九万八千 (6)七千六百三十六万七千
(7)九十九億六千九百万 (8)八十億二千四百万
(9)九千九百五十万七千 (10)三千四百万

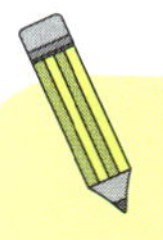

大きい数の速読 2

書類に大きな数が出てきたとき、どう読むでしょうか。

例 **6,419,931円をどう読むか?**

3桁目を四捨五入する

解決策

カンマの個数を利用して、秒速で読む、という演習を前頁で行ないました。実はこのカンマ、並べてみるとわかりやすいですが、

1個　千　円

2個　百万円

3個　十億円

4個　一兆円

というように、カンマが1個ずつ増えると、左の数字は「千、百、十、一」と桁が1個ずつ減ります。右の単位について

は「◯、万、億、兆」という順に増えていて法則性が見えてきますね。こんな法則を知っておくだけで、大きい数字により馴染みやすくなることでしょう。

また、**大きい数はざっくりと読むのもポイントです。**正確性が求められるケースは少なく、ほとんどの場合、すべての数字を読むことはしないでしょう。**「大体どのくらいの数になっているのか」が重要です。**いろいろな読み方がありますが、**上から3桁目を四捨五入する**と、比較的正しくて、かつ、より短く読むことができ、理解しやすくなります。だからこの場合は、「640万円」で大丈夫です。上2桁で読む癖をつけてみましょう。

大きい数の速読2 演習

ビジネスの世界では企画書やホワイトボードに記載されている数を瞬時に読み、大体の大きさを把握する能力が必要になります。次の数を2桁の概数で読んでみて、感覚を身につけましょう。

1 次の数字を上から2桁の概数(※)で読んでください(※3桁目を四捨五入してください)。

(1)　50,035

(2)　100,000,000

(3)　1,000,000

(4)　6,419,931

(5)　38,241

(6)　799,296

(7)　658,111

(8)　1,162,700,230

(9)　31,560

(10)　886,068

2 次の数字を上から2桁の概数(※)で読んでください(※3桁目を四捨五入してください)。

(1)　10,000,000

(2)　5,106,805,930

(3)　75,088,888

(4)　891,425

(5)　665,118

(6)　62,923

(7)　726,819,058

(8)　1,000,000,000

(9)　300,900,903

(10)　987,106

1 の答え　(1)五万　(2)一億　(3)百万　(4)六百四十万
(5)三万八千　(6)八十万　(7)六十六万　(8)十二億
(9)三万二千　(10)八十九万

2 の答え　(1)一千万　(2)五十一億　(3)七千五百万　(4)八十九万
(5)六十七万　(6)六万三千　(7)七億三千万　(8)十億
(9)三億　(10)九十九万

MEMO

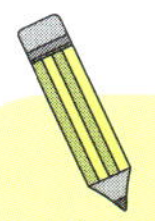

大きい数の10のべき乗表示

0の個数だけで数字を読む訓練をしていきましょう。

例 **10^5 はいくらか、口頭で示してみましょう。**

指数が4の倍数にいくつ足されているのか、で判断する

解決策

いきなり、10の右上に数字が乗った数が出てきました。これは、実は、100,000となり、「5」は1の後に続く0の個数です（正確に言えば、指数表記と言われるもので、10 × 10 × 10 × 10 × 10、というように、10を5回掛けた数のことを 10^5 と書き、10の5乗と読みます）。

いきなり読むのは大変かもしれませんが、これも慣れです。例えば、**0の個数が3個、6個、9個、12個でそれぞれカンマがつき、4個、8個、12個でそれぞれ万・億・兆となるのでした。** よって、0の個数が5個であれば、4個＋1個にしてしまいます。4個は1万のこと、1個は10のことですから、10万と読みます。

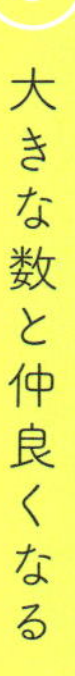

10^{10} であれば、10 = 8 + 2 なので、8 個 + 2 個にします。0 が 8 個になるのは 1 億のこと、残りの 2 個は 100 のことですから、100 億になります。

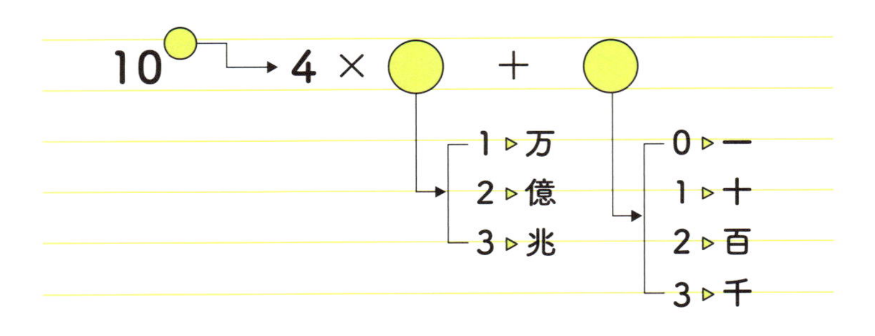

大きい数の10のべき乗表示　演習

大きな数をべき乗表記で表すことで、数の大きさに対する感覚を身につけましょう。指数が12までの例題を繰り返し練習します。

1 次の数を読み上げましょう。

(1)　10^5

(2)　10^7

(3)　10^9

(4)　10^8

(5)　10^3

(6)　10^4

(7)　10^{11}

(8)　10^6

(9)　10^2

(10)　10^{10}

2　次の数を読み上げましょう。

(1)　10^3

(2)　10^8

(3)　10^4

(4)　10^9

(5)　10^6

(6)　10^{12}

(7)　10^7

(8)　10^{11}

(9)　10^2

(10)　10^{10}

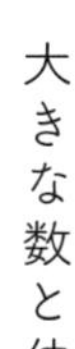

1 の答え　(1)十万　(2)千万　(3)十億　(4)一億　(5)千
(6)一万　(7)千億　(8)百万　(9)百　(10)百億

2 の答え　(1)千　(2)一億　(3)一万　(4)十億　(5)百万
(6)一兆　(7)千万　(8)千億　(9)百　(10)百億

大きい数同士の掛け算（10^nのみ）

大きい数同士の掛け算に挑戦していきましょう。難易度はグッと上がりますが、できると応用の幅も広がっていきます。

例 **100,000 × 100 の答えを言ってみましょう。**

①日本語に直してから計算する方法
②0の個数を数えて計算する方法
③カンマとの位置づけで計算する方法

解決策

様々な考え方があるので見ていきましょう。

①日本語に直してから計算する方法

例えば、数字を日本語に直すと、意外と計算しやすくなります。例題であれば、「十万×百」になりますね。

まずはこのような計算を進めるにあたって、覚えてほしい法則があります。それは、

●万×万＝億

●億×万＝兆

ということです。例えば、1万円が1万枚あると、1億円になります。こんな風に考えましょう。1千万円が10束あれば1億円ですよね。この、1千万円は、百万円が10束ですから、百万円が百束（＝10束×10束）あれば1億円になるということです。

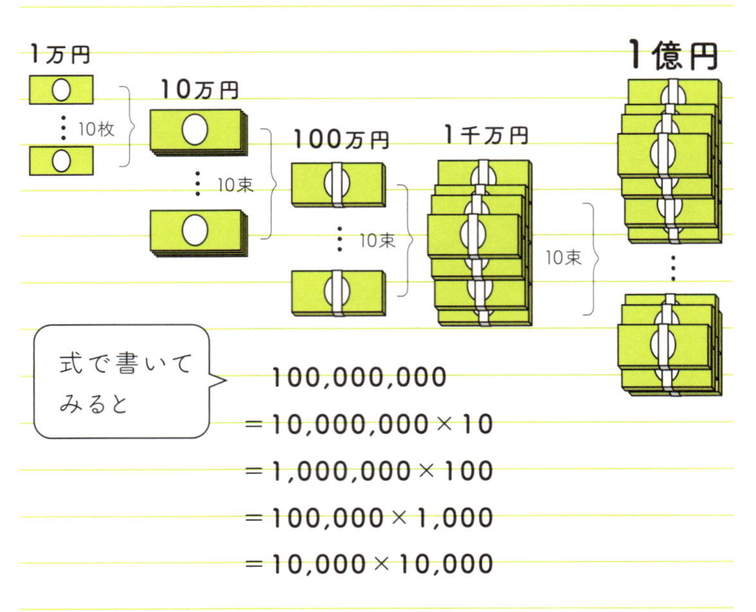

この考えをさらに進めて先ほどの百万円は、十万円が10束ですから、1億円は10万円が千束（百束×10束）になります。そして、10万円は1万円が10枚ですから……となって、1億円は1万円が1万枚になるのです。掛け算の左側と右側の0の個数を1個ずつずらしていくと……自然と1億円は、1万円×1万になるのですね。

同じように１億円が１万束あると１兆円となります。

他にも日本語に直してから計算する基本形がいくつかあります。

- **十×十＝百**
- **百×百＝万**
- **千×千＝百万**

最後の「千×千」がよくわからない方もいるかもしれませんが、「1万円札が100枚あれば、100万円」であることはだれでも知っていますから、その0を一つずらしただけです。

例題であれば、「十万×百」なので、万をとりあえず置いておいて、十×百＝千ですから、そこに置いた「万」をくっつけるだけ。よって、「千万」になります。「万」や「億」という大きな単位は一旦よこに置くと、計算しやすくなります。口頭でのやりとりなどは特に、この日本語に変換された掛け算であったりするので、慣れていくといいでしょう。

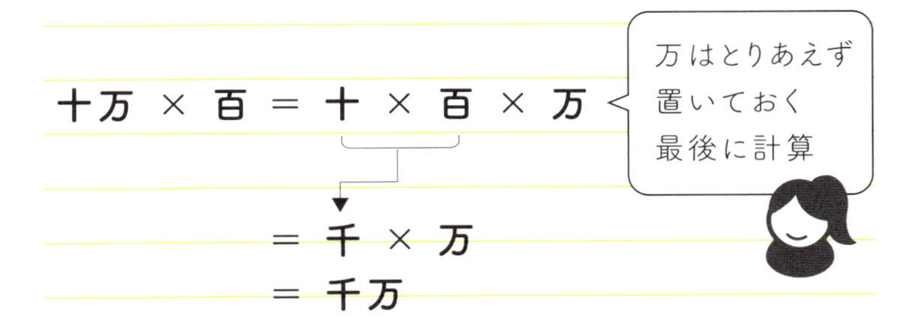

②0の個数を数えて計算する方法

これは、書類に書かれた数字の計算に長けています。0の合計個数を数えると、7個ですね。だから、7＝4＋3　となり、「1千万」というのが答えになります。ただし、口頭では、このように0の個数はパッとわからないため、あまりこの方法は使えませんが、口頭で「十万×百」と言われたときに、0の個数を瞬時に計算し、5＋2と考えられれば、計算がより速くなる場合もあるでしょう。

③カンマとの位置づけで計算する方法

実はこのやり方は金融系で働く人がよく用いている計算手法です。0の位置関係によって、計算していきます。つまり、右側の100を掛け算するということは、左側の数字に0を2個増やすことだから、0を2個増やすと「10,000,000」となる。その数字をつくってから、数字を読みます（右図参照）。

このやり方は書類に書かれた数でないと使えない方法なので、あまりおすすめはしませんが頭の片隅においておくといいでしょう。

金融系で働いている人は、カンマで読む方法には長けていますが、①のように口頭で大きい数を言われると、意外と計算ができません。

私がズバリおすすめする方法は①になります。計算するための暗記量が多くなりますが、一番速く計算することができるようになります。慣れないうちは②で計算、つまり0の個数を数えることから始めて徐々に①へと変えていくのがおすすめです。

実際に計算をしてみると、どれも時間を十分にかければ計算できる問題ばかりです。だからこそ、今の計算時間を半分に、最終的には3秒で答えられるようになるといいですね。

カンマとの位置づけ

100,000 × 100 = 10,000,000

00 を入れる ◀　　よって千万

掛け算のコツはそれぞれ2つの数における「0の個数」の和を考えることです。つまり10,000×100,000は0の個数が4個、5個ですから合計9個となり10億となります。大きな数同士の掛け算を行ない、結果がどのくらいの大きさになるのかという感覚を身につけましょう。

1 次の答えを読み上げましょう。

(1)　100,000×10

(2)　100×1,000,000

(3)　10,000×100

(4)　10,000,000×100,000

(5)　1,000×100

(6)　10×1,000

(7)　1,000×1,000

(8)　10×1,000,000

(9)　1,000,000×1000

(10)　1,000×100

2 次の答えを読み上げましょう。

(1)　1,000×100,000

(2)　100,000×1,000,000

(3)　1,000×10,000

(4)　1,000,000×100

(5)　10,000×1,000,000

(6)　1,000,000,000×10,000

(7)　100,000,000×1,000

(8)　100×10,000,000,000

(9)　100,000×10,000

(10)　1,000×1,000,000

1 の答え (1)百万 (2)一億 (3)百万 (4)一兆 (5)十万
(6)一万 (7)百万 (8)千万 (9)十億 (10)十万

2 の答え (1)一億 (2)千億 (3)千万 (4)一億 (5)百億
(6)十兆 (7)千億 (8)一兆 (9)十億 (10)十億

MEMO

大きい数同士の掛け算（10^nのみ・漢字）

大きい数同士の掛け算でも、「漢字」で書かれた計算に挑戦していきましょう。会話の中だと実際に0が並べられた数を紙で提示されるわけではなく、例えば「100,000」ではなく、「十万」という漢数字に近い数のやりとりになります。

例 **千万×百万の答えを口頭で示しましょう**（書く時は漢字で）。

日本語に直してから計算する

解決策

式で書くとわかりやすくなります。順を追って見ていきましょう。

千万 × 百万 ＝ **千×百** × **万×万** ＝ 十万×億 ＝ 十兆

（千×百 → 十万、万×万 → 億）

ちょっと難しいように思うのは、「千×百」のところです。

これは様々な考え方がありますが、「百×百＝万」という公式を使い、「千×百＝百×十×百＝百×百×十＝万×十」と変形してしまえば、答えが「十万」であることがわかります。

このように、口頭でのやりとりをイメージしながら解いていきましょう。

大きい数同士の掛け算（10^nのみ・漢字）演習

法則を再確認していきます。

万×万＝億
億×万＝兆
十×十＝百
百×百＝万
千×千＝百万

を利用するとよいでしょう。

1 次の答えを読み上げましょう。

（1）　十万×十

（2）　百×百万

（3）　一万×百

（4）　千万×十万

（5）　千×百

(6)　十×千

(7)　千×千

(8)　十×百万

(9)　百万×千

(10)　一万×一億

2 次の答えを読み上げましょう。

(1)　千×十万

(2)　十万×百万

(3)　百×千

(4)　百×百万

(5)　一万×百万

(6)　十億×一万

(7)　一億×千

(8)　百×百億

(9)　十万×一万

(10)　千×千万

1 の答え	(1)百万	(2)一億	(3)百万	(4)一兆	(5)十万
	(6)一万	(7)百万	(8)千万	(9)十億	(10)一兆
2 の答え	(1)一億	(2)千億	(3)十万	(4)一億	(5)百億
	(6)十兆	(7)千億	(8)一兆	(9)十億	(10)百億

大きな数の計算をマスターするために

例えば会話の中で “10000” という数が出てきたとき、本当は、“11304” かもしれません。ぴったり “10000” であることもあると思いますが、そうではないことのほうが多いですね。大まかに計算するために、頭の数だけ取り出すのはどうでしょうか。

例えば、

30394 × 8035 =

という計算は、

30000 × 8000

とすれば、桁の計算をしてから、頭の数を掛け算すればいいですね。

30000 × 8000

＝ 3 × 8　×　10000 × 1000

という形になります。

つまり、1000 万をつくってから、24 を掛ければ、2 億 4 千万です。このように順番に考えていけば、難なく計算することができます（慣れは必要です）。

他に、こんな例も考えてみましょう。

145 × 145 = 21025

これは頭の数だけで考えてしまうと、100 × 100 = 10000 となり、計算結果が2倍以上も変わってきてしまいます。このようなケースもあるので、単純に頭の数だけで計算すればすべてうまくいくわけではなさそうです。次のチャプターで詳しく考察していきます。

MEMO

data sense

すべての数の掛け算が「直感」で導き出せる！その極意とは？

すべての掛け算を 2桁 × 1桁に変える

例えば、「15,483円の商品を462,398個売った。合計いくら？」という質問に対して"正確に"答えるには、電卓を取り出して計算するのが一番です。

しかし、**会話の中でその答えを素早くざっくりと導き出す**ためには、頭の何桁かを取り出して、簡略化して計算をすればいいのです。

例えば上2桁を取り出して「15,000円の商品が460,000個売れた」とすれば、少しは計算しやすくなるでしょう。しかし、これでもまだ計算は大変です。もともと暗算が得意だった人であれば計算できるかもしれませんが、そうでない人には難しいように感じます。そこで例えばこんな風に変形します。

15,000 × 460,000 ＝
30,000 × 230,000 ＝
3 × 23 × 10,000 × 10,000

するとどうでしょう。2桁×1桁の計算をしてから桁を調節してしまえば答えが出そうです。

実は、誰しも、2桁×1桁の計算は暗算で行なうことができるようになります。私がずっと個別指導で教えてきた中では、スピードの差は多少あるにせよ、2桁×1桁の計算ができなかった方は一人もいません。慣れれば誰しもできるようになります。そうすれば、上のような問いに対しては、少なくともざっくりと答えることができるようになるのです。

私たちは学校の試験では正確に計算することを求められて

きましたが、**社会人になった今はもう、正確に計算するのはコンピュータに任せてしまいましょう。今私たちに求められているのは、ざっくり計算すること、ざっくりその計算結果が合っているかを判断することです。**

誤差を許すとき、計算はもっとシンプルになる

学校の試験では、たった1でも間違えると「×」になりました。しかし、ビジネス上の会話では、数字が多少間違っていても許されるのが現状です。社員が95名いるところを、「社員100名…」と言っても誰からもとがめられません。

1980円の商品を99個買うとき、「およそ」どのくらいでしょうか。2000円の商品を100個買うと考えると20万円です。正確には、196,020円ですが、誤差は約2パーセントになります。この2パーセントを許容するのであれば、例えば商品数が101個でも同じ100として計算してOKですし、1980円の値段が1990円でも、1998円でも、2010円でも同じ2000円として計算してOKということになります。誤差を許すとき、計算はもっとシンプルに、より速く進めることができるのです。

人が直感的に違和感のない誤差はどのくらい？

さて、「10000円です」と言われた商品。会計に持っていったら10800円だったらどうでしょう。まぁ消費税分かな？と思って仕方ないと納得することが多いと思います。これは8％分に相当します。

しかし、「10000円です」と言われたのに、レジで「13000円です」と言われたら、ちょっと騙されたように感じてしまいます。これは30％分に相当します。

では、この差はどこにあるのでしょうか。人が許せる範囲の誤差と許せない範囲の誤差の違いはどこでしょうか。つまり「間違っていること」を許すとき、どのくらいの間違いまで許容するか、というのを決めなければいけません。

- 700円と言われたけど ⇒ レジで1000円だった（約43％）
- 800円と言われたけど ⇒ レジで1000円だった（約25％）
- 900円と言われたけど ⇒ レジで1000円だった（約11％）
- 950円と言われたけど ⇒ レジで1000円だった（約5％）

あなたはどこまで許容できますか？ 実は、シチュエーションにもよりますが、**人が許容しやすい誤差は、一般的には約10％です**。900円⇒1000円は許容できても、800円⇒1000円は許容できなくなってきます。

しかし、最初の例である「10000円」の1000倍の額、「1000万円です」と言われたのに、1080万円だとしたらちょっとびっくりすると思います。先ほどと同じ8％の誤差ですが、その差が80万円もあるからです。このように、割合では納得できることでも、額が大きいと納得できないこともあるので、注意が必要です。

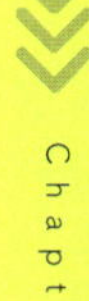

2桁を1桁にするための極意

「2桁を1桁に」というのは、例えば、「28」を「30」にしてしまうというようなことです。そうすると、一気に計算がしやすくなります。そのためには、その作業により、どのくらいの誤差が発生するか、ということを観察するところから始まります。「28」という数を「30」にするというのは、28という数に「＋7.1％」をして30にする、ということです。つまり28を30にすると、誤差が7.1％発生します。この7.1％を許容できるかどうかは主観によりますが、仮に10％以内の誤差を許容できたとすると、7.1％は10％未満ですから、**28という数は30と置いてしまっていい**、ということになります。**10％以下の誤差を許容すると、多くの数を1桁にできてしまうのです。**28を30にできるということは、2800円を3000円と置いてもいいということですし、28億円を30億円と置いてしまっていいということになります。0の数を増やしても考え方は一緒で、すべて1桁にできるということです。

2桁を1桁にしたときの誤差早見表を一度観察してみましょう。数を四捨五入すると、どんな変化が起こるのでしょうか。

どうやら頭の数が1など、小さい数の四捨五入は大きな誤差を生み出してしまうようです。13を10にしてしまうと、誤差が23.1％も発生してしまいます。しかし、93を90にするときは3.2％と、**頭の数が大きな数になればなるほど誤差は小さくなります。**

例えば、70以上の数の四捨五入は誤差が6.7％に収まります。このような誤差の範囲がわかっていれば、計算すべき数の種類が少なくなり、主要な計算手法だけ覚えていればよい、という可能性を感じてもらえるのではないでしょうか。もちろん誤差のある数同士の掛け算は誤差が増幅してしまう恐れがあるので注意が必要です。

元の数字	四捨五入	誤差
11	10	-9.1%
12	10	-16.7%
13	10	-23.1%
14	10	-28.6%
15	20	33.3%
16	20	25.0%
17	20	17.6%
18	20	11.1%
19	20	5.3%
20	20	0.0%
21	20	-4.8%
22	20	-9.1%
23	20	-13.0%
24	20	-16.7%
25	30	20.0%

元の数字	四捨五入	誤差
26	30	15.4%
27	30	11.1%
28	30	7.1%
29	30	3.4%
30	30	0.0%
31	30	-3.2%
32	30	-6.3%
33	30	-9.1%
34	30	-11.8%
35	40	14.3%
36	40	11.1%
37	40	8.1%
38	40	5.3%
39	40	2.6%
40	40	0.0%

元の数字	四捨五入	誤差
41	40	-2.4%
42	40	-4.8%
43	40	-7.0%
44	40	-9.1%
45	50	11.1%
46	50	8.7%
47	50	6.4%
48	50	4.2%
49	50	2.0%
50	50	0.0%
51	50	-2.0%
52	50	-3.8%
53	50	-5.7%
54	50	-7.4%
55	60	9.1%

元の数字	四捨五入	誤差
56	60	7.1%
57	60	5.3%
58	60	3.4%
59	60	1.7%
60	60	0.0%
61	60	-1.6%
62	60	-3.2%
63	60	-4.8%
64	60	-6.3%
65	70	7.7%
66	70	6.1%
67	70	4.5%
68	70	2.9%
69	70	1.4%
70	70	0.0%

元の数字	四捨五入	誤差
71	70	-1.4%
72	70	-2.8%
73	70	-4.1%
74	70	-5.4%
75	80	6.7%
76	80	5.3%
77	80	3.9%
78	80	2.6%
79	80	1.3%
80	80	0.0%
81	80	-1.2%
82	80	-2.4%
83	80	-3.6%
84	80	-4.8%
85	90	5.9%

元の数字	四捨五入	誤差
86	90	4.7%
87	90	3.4%
88	90	2.3%
89	90	1.1%
90	90	0.0%
91	90	-1.1%
92	90	-2.2%
93	90	-3.2%
94	90	-4.3%
95	100	5.3%
96	100	4.2%
97	100	3.1%
98	100	2.0%
99	100	1.0%

ニュースを見て気づく視点とは「高齢者の交通事故は増えているのか」

2018年1月に、「女子高生2人が暴走車にはねられ意識不明。85歳容疑者「気が付いたら事故」」というニュースがありました。

最近、高齢者による事故が多発しているかのようなニュースが非常に多く取り上げられています。そこで疑問に思ったのは、「高齢運転者の事故は本当に増えているのだろうか」ということです。

気になったので、高齢運転者の事故件数について調べてみたところ以下のグラフがありました。

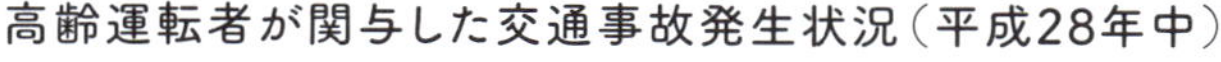

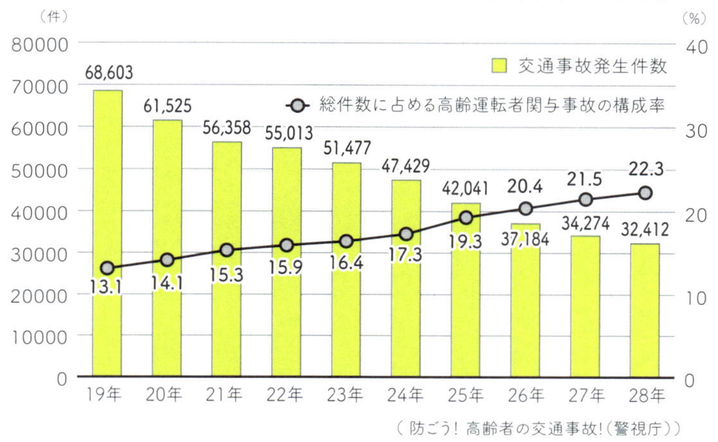

（防ごう！高齢者の交通事故！（警視庁））

ここで気になるのは、「総件数に占める高齢運転者関与事故の構成率」という折れ線グラフです。平成19年のときは13.1％だったのに対して、平成28年は22.3％と大幅に増加しています。これは確かに高齢者の事故は増えていると言えそうです。

……と書いてしまいましたが、世にあふれるデータに触れるときに大切なのは、「本当だろうか」という視点です。データを見るときは必ず「本当？」と疑うことが大切です。

ということで他の視点で考えてみましょう。もう一つ、「交通事故発生件数」というグラフを見てみます。棒グラフのほうです。これによると、交通事故発生件数は、平成19年が68,603件だったのに対して、平成28年が32,412件と大幅に減少しています。つまりこの10年で交通事故の件数は半減した、ということです。

高齢運転者の事故件数は、この2つのデータから割り出すことができます。それは、

交通事故発生件数 × 総件数に占める高齢運転者関与事故の構成率 ＝ 高齢者の関与した事故件数

という計算です。もともと以下の式が成り立つので少し式変形すると上の式になります。

総件数に占める高齢者運転者関与事故の構成率 ＝ 高齢運転者関与事故の件数／交通事故発生件数

ということです。

さて、計算してみましょう。ここではすべての年で計算する必要はありません。平成19年と平成28年の高齢運転者関与事故件数を計算してみましょう。

すると、

平成19年　68603 × 13.1%

平成28年　32412 × 22.3%

さて、ここでも、概算を使ってみましょう。つまり、上2桁だけにして計算をしてみます。

平成19年　68603 × 13.1% ≒ 69000 × 13%

平成28年　32412 × 22.3% ≒ 32000 × 22%

さらに、計算のテクニックを活用しましょう。上の数、68603は、上2桁68は四捨五入して70にすると、2.9%と誤差が比較的小さいので四捨五入して、70000にします。そして、下の計算は片方2倍、片方半分のテクニックを用いることにします。

すると、

平成19年　70000 × 13% ＝ 9100件

平成28年　64000 × 11% ＝ 7040件

上の計算は2桁×1桁ですから計算可能です。そして、下の計算は、11の掛け算を練習しました。よって暗算が可能でしたね。

すると、9100件と7040件で、なんと平成28年のほうが高齢者による事故は少ない、という結論が出ました。割合は上がっているので件数も上がっているように見えたのですが、実は件数は少なくなっているのです。

実に不思議ですね。

実際に高齢者関与の事故件数をグラフ化したものは次の図になります（「交通事故発生件数」×「総件数に占める高齢運転者関与事故の構成率」を計算したものです）。

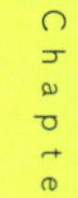

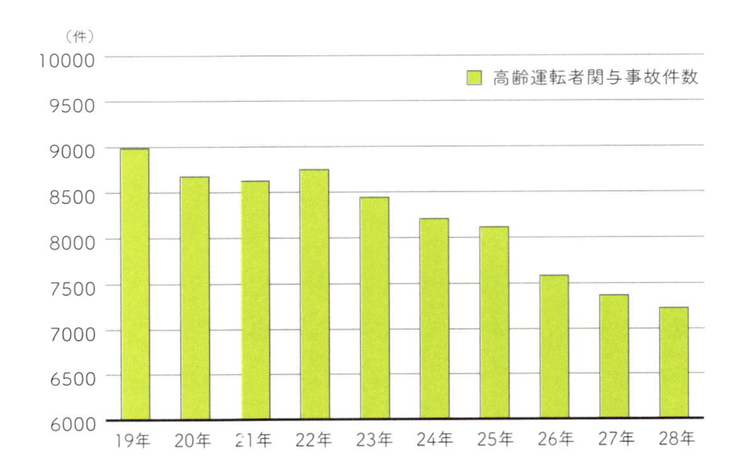

平成19年度の件数を9100件と見積もりましたが、実際の値は8987件と試算できました。およそ誤差は2%にも満たない値でなかなか良い精度です。

こんな風に、データセンスを活かすことで簡単にニュースの分析、ビジネスデータの分析ができるようになります。

計算のベースがあるから、つい数字を見ると計算してしまう。それを癖にしてしまえば、ちょっとした計算で、様々な状況をしっかりと把握することができる、ということが実感できたのではないでしょうか。

おわりに

非常にもどかしいです。…なぜか。

なぜこれほどまでに重要なスキルが広まらなかったのだろうか、と。

数字の重要性は皆わかっている。しかし、それを“体系的に”学んで身につける場所がどこにもありませんでした。

8年前に創業してから、「数学的思考」を身につけたい方、ひとりひとりに向き合ってきました。目の前のお客様に「数学的発想、思考力を身につけていただくために何をすればいいだろう」という自問を繰り返し、数百を超える問題集を作るなど試行錯誤を積み重ねてきました。

データセンスを様々な方にお伝えしていて感じるのは、多くの社会人の方が、「四則演算」を使いこなせていないということです。子供のときに習っていないわけはないのですが、社会人になったとき、ふとした場面で“使う”ということを忘れてしまっているのです。

子供のときに習ってきた数学は、意味や目的が置いてきぼりになっているような気がします。例えば「計算」一つとってみても、電卓やExcelといった文明の利器があるにも関わらず、暗算や筆算を学ぶ必要はどこにあるのでしょうか。筆算のやり方を学んで、数学の公式を教わり、三角関数を学んで、微分積分を学ぶ。それらが何の役に立つのかわからないのに、とりあえず試験に出るから学んできました。私たちは“数学”を社会で「活用」できるように学んでいないのです。

世の中にある数学教育は、「子供向けの数学教育」です。「大人向けの数学教育」を再考しなければなりません。まずは、より多くの方にこのデータセンスを広めていけるか、がこれからの私のテーマです。

数字の苦手な方は非常に多く、数学の苦手な方の割合から予想するに、日本で6000～7000万人程度はこのデータセンスを必要としていることでしょう。もちろん、各々での優先順位は異なることとは思いますが、機械学習・人工知能などの発展、STEM教育（Science, Technology, Engineering and Mathematicsの頭文字をとってSTEM。科学・技術・工学・数学の教育分野の総称）の普及に伴い、益々「数学」の重要性が認識されてきています。もちろん高度な分析手法を学ぶのもよいですが、この書籍を通してお伝えしたいのは、データセンスは決して難しいものではないということ。「足す・引く・掛ける・割る、を使いこなす」を通して「数字の感覚を磨いていく」ということです。基本的な計算を駆使するだけで、様々なものが見えてきます。

そして、本文中でもご紹介しましたが、何より大切なのは、「習慣」です。継続は力なり、という言葉の通り、少し意識して計算することをどれだけ継続できるのか。筋トレは1日だけ、1ヶ月だけ行なえばよいわけではありません。継続して習慣化することで、初めて自分のものとして獲得していけるものでしょう。

もし深く学びたい、習慣化するお手伝いをしてほしい、といったご要望がありましたら弊社でも定期的にセミナーなどを開催しておりますのでぜひ一度、お越しいただけたらと思います（「データセンス」や「データセンス　セミナー」で検索してみてください)。

最後に、この書籍は、多くの方のご協力があり、こうして出版に至りました。私だけのアイデアではなく、きっかけとなったお客様であるN様、他たくさんのお客様や、スタッフ、講師の皆さま、他関係者の皆さま方のおかげでこのデータセンスは生まれました。特に、石井俊全先生、佐々木和美先生、綱島佑介さん、松中宏樹さんからはデータセンスのコンテンツに関する多大なご協力をいただきました。また、ベレ出版の坂東さんのご尽力がなければこの書籍は生まれませんでした。その他、ここに皆さまのお名前は記載できませんが、数え切れないくらい多くの方のご協力があったからこそであり、改めて皆さまに心より感謝いたします。

最後までお読み頂きありがとうございます。まだまだ語り切れていないことが山ほどありますが、データセンスを高める最初の一歩、エッセンスはこの一冊に詰め込むことはできました。一人でも多くの方が、このデータセンスを意識しながら“数字”とともによりよい日々を歩んでいただけたならば、数学教育者冥利に尽きるところです。

和から株式会社

堀口智之

仕事や日常生活など
様々な場面で活用できるように
データセンスを磨きましょう!

著者略歴

堀口 智之（ほりぐち・ともゆき）

1984年生まれ。新潟県南魚沼市出身。山形大学理学部物理学科卒業。学習塾5社、コンビニ、飲食店、教育系ベンチャーを含む20種類以上の職を経験し、2010年より、大人のための数学教室「和」（なごみ）を創業。大人向けの数学・統計学の教室を都内・大阪を含めて全国5教室を展開。月間600名を超える社会人の方が利用している。2016年より「ロマンティック数学ナイト」や「ロマンティック数学ゼミ」、「BEYOND」などの数学のロマン・魅力・その有用性を発信するイベントを定期開催。2017年より個別指導で培ってきたノウハウ・問題集をもとに「データセンス」の集団セミナーを毎月開催。

TBSテレビ「聞きにくいことを聞く」、日本テレビ「月曜から夜ふかし」、日経新聞、週刊ダイヤモンド、朝日新聞「天声人語」など、メディア出演・掲載実績多数。

和から株式会社

https://wakara.co.jp/

「データセンス」の磨き方

2018年　8月25日　初版発行
2018年10月　7日　第2刷発行

著者	堀口 智之
カバーデザイン・図版・DTP	三枝 未央
発行者	内田 真介
発行・発売	ベレ出版 〒162-0832　東京都新宿区岩戸町12 レベッカビル TEL.03-5225-4790 FAX.03-5225-4795 ホームページ　http://www.beret.co.jp/ 振替 00180-7-104058
印刷	モリモト印刷株式会社
製本	根本製本株式会社

ISBN 978-4-86064-554-0 C0033　　編集担当　坂東一郎